纺织服装高等教育“十二五”部委级规划教材

高职高专纺织类项目教学系列教材

纺织纤维与纱线检测

FANGZHI XIANWEI YU SHAXIAN JIANCE

甘志红 主编

王飞 赖燕燕 副主编

東華大學出版社

内 容 提 要

本教材根据高职教育的特点，按照"项目课程"的基本要求，采用任务驱动的方式进行编写，比较系统地阐明了纺织纤维和纱线检测的基础知识、纺织纤维的鉴别方法，重点介绍常规纺织纤维和纱线的物理机械性能的检测方法与程序、新型检测仪器设备的操作使用，以及国内有关纺织纤维和纱线品质评定的最新标准，同时在拓展任务中介绍了其他常用纱线的品质评定标准和检测方法。

本教材以典型纺织纤维和纱线性能的检测任务为载体，通过“任务目标”“知识准备”“任务实施”“任务评价”等环节，既再现了职业岗位的实际情境，又将理论知识学习和实践操作训练融为一体，理论知识以“必需、够用”为原则，加强实践操作知识，理论和实践内容相互渗透，比较适合高职学生的学习特点，具有较强的实用性和可操作性。

本教材是高职“纺织品检验与贸易”等纺织类专业的核心课程教材，也可供生产企业、测试中心、检验机构和研究单位的专业技术人员阅读参考。

图书在版编目(CIP)数据

纺织纤维与纱线检测/甘志红主编.—上海:东华大学出版社,2014.8

ISBN 978-7-5669-0580-2

Ⅰ.①纺…　Ⅱ.①甘…　Ⅲ.①纺织纤维—高等职业教育—教材 ②纱线—检测—高等职业教育—教材　Ⅳ.①TS1

中国版本图书馆 CIP 数据核字(2014)第 170484 号

责任编辑:张　静
封面设计:李　博

出　　版:东华大学出版社(上海市延安西路 1882 号,200051)
本社网址:http://www.dhupress.net
淘宝书店:http://dhupress.taobao.com
营销中心:021-62193056　62373056　62379558
印　　刷:上海新文印刷厂
开　　本:787 mm×1 092 mm　1/16　印张　8.5
字　　数:212 千字
版　　次:2014 年 8 月第 1 版
印　　次:2014 年 8 月第 1 次印刷
书　　号:ISBN 978-7-5669-0580-2/TS・520
定　　价:25.00 元

前　言

纺织纤维和纱线是构成纺织品的基本原料,其性能特征和质量直接影响到最终纺织品的性能和使用。本教材是由江西工业职业技术学院轻纺服装分院教师在多年纺织品检验与贸易专业的核心课程“纺织品检验实务”教学中总结提炼而成的一部适用教材。在编写过程中,编者根据高职教育的特点,按照“项目课程”的基本要求,尽可能采用任务驱动的方法进行编写,实施教、学、做一体的教学方法,以适应高职学生的学习特点。本教材以典型纺织纤维和纱线的检测任务为载体,通过“任务目标”“知识准备”“任务实施”“任务评价”等环节,既再现了职业岗位的实践情境,又将理论知识的学习和实践操作训练融为一体,专业理论以“必需、够用、实用”为原则,强化了实践操作技能的训练。该教材系统地介绍了纺织纤维和纱线的质量检测标准、检测方法和检测仪器设备的使用等知识,旨在使学生掌握纺织纤维与纱线检测与分析的技能,同时学会更科学合理地使用纺织纤维与纱线,从而生产出优质的纺织品。

教学实施说明:采用“项目导向,任务驱动,教、学、做一体”的教学模式开展教学,要求在一体化教学场所实施教学。对纺织纤维与纱线检测的每一教学项目,都和实际工作岗位的职业技能相结合,每一个学习任务就是岗位工作任务。在实施任务驱动教学过程中,由教师布置任务,然后和学生一起共同分析任务,学生再分小组讨论并制订任务实施方案,最后实施任务。在任务实施过程中,教师耐心指导并总结。通过边教、边学、边做,指导学生完成学习工作任务,强化专业技能。

编　者

目　　录

项目一　纺织纤维与纱线检测基础

项目二　纺织纤维的检测

项目三　纱线质量检测

项目一

纺织纤维与纱线检测基础

知识目标:掌握纺织纤维与纱线检测的基础知识。
能力目标:能在纺织纤维与纱线检测操作中应用基础知识。

任务一　标准及标准分类

一、任务目标

掌握纺织纤维与纱线有关标准的分类及编号,学会查阅和使用纺织纤维与纱线的相关标准,在接到测试样品后,能按相关标准对相应项目进行检测。

二、知识准备

(一)　标准和标准化

标准是对重复性事物和概念所做的统一规定。纺织标准是以纺织科学技术和纺织生产实践的综合成果为基础,经有关方面协商一致,由主管机构批准,以特定形式发布,作为纺织生产、纺织品流通领域共同遵守的准则和依据。

现代化生产和科学管理的重要手段之一就是要实行标准化,而标准化是通过标准来实施的。标准化是在经济、技术、科学及管理等社会实践中,对重复性的事物和概念,通过制定、发布和实施标准,达到统一,以获得最佳秩序和社会效益。

标准化的原理是统一、简化、协调、选优。其工作任务是制定标准、组织实施和对实施标准进行监督。

标准化是一个活动过程。标准往往是标准化活动的产物。标准化的效果是在标准的运用、贯彻执行等实践活动中表现出来的。标准应在实践中不断修改完善。

(二)　标准的编号

完整的标准编号包括标准代号、顺序号和年代号。

国家标准编号为:

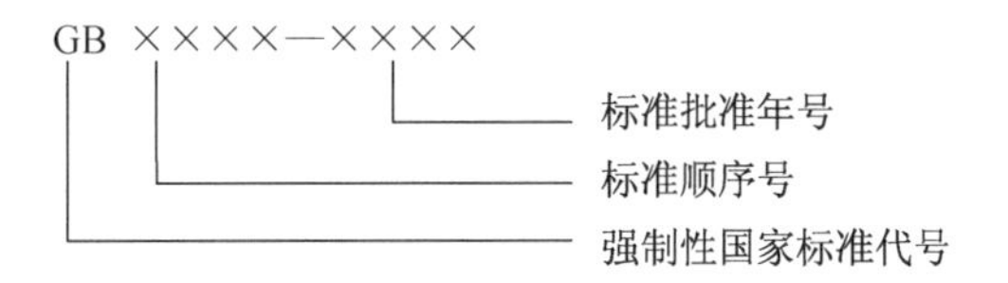

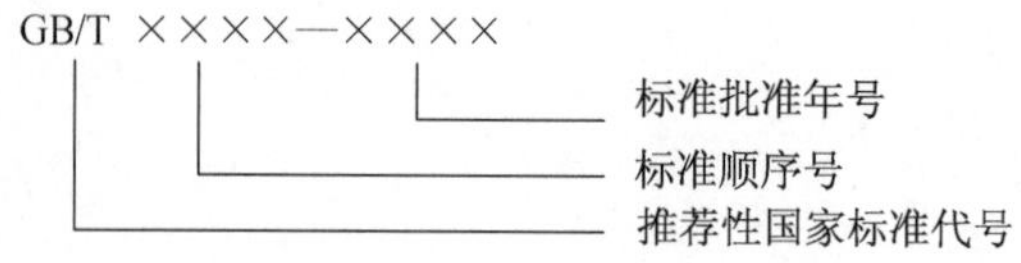

纺织行业标准编号为：

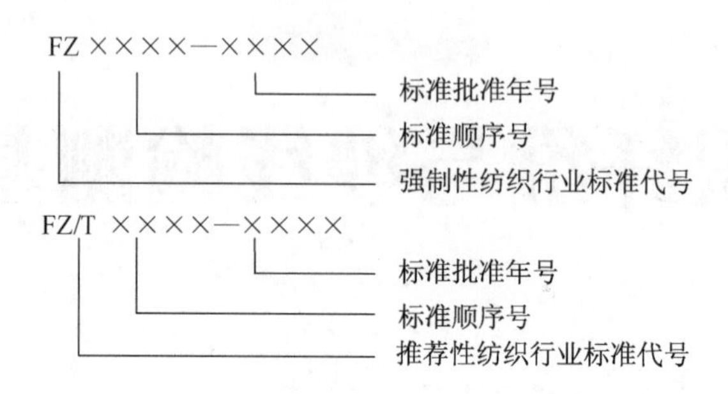

企业标准编号为：

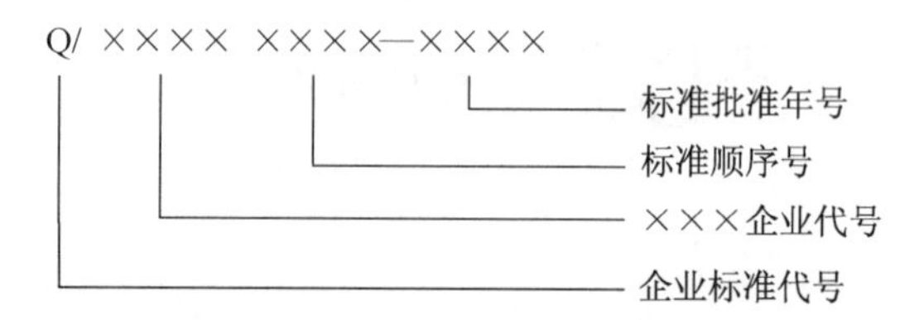

例如：编号 GB 1103—2007 为 2007 年修订颁发的国家强制性标准《棉花　细绒棉》。

（三） 标准的分类

标准主要可从标准的级别和标准的执行方式两方面进行分类。

1. 按标准的级别分类

按照标准制定和发布机构的级别、适用范围，可分为国际标准、区域标准、国家标准、行业标准、地方标准和企业标准等级别。

（1） 国际标准

国际标准是由众多具有共同利益的独立主权国参加组成的世界性标准化组织，通过有组织的合作和协商，制定、发布的标准。它是指国际标准化组织（ISO）和国际电工委员会（IEC）所制订的标准，以及国际标准化组织为促进关税及贸易总协定《关于贸易中技术壁垒的协定草案》，即标准守则的贯彻实施所出版的《国际标准题内关键词索引》中收录的 27 个国际组织制定的标准。部分国际测试标准见表 1-1。

表 1-1　部分国际测试标准

标准代号	发布标准的机构	适用国家
AATCC	美国纺织化学家和染色学家协会	美洲国家
ASTM	美国测试和材料学会	美洲国家
AS	澳大利亚标准学会	澳大利亚和新西兰
BS	英国标准学会	英国
CAN/CGSB	加拿大标准委员会	加拿大
DIN	德国标准学会	德国
FTMS	美国联邦政府标准	美国

（续　表）

标准代号	发布标准的机构	适用国家
ISO	国际标准化组织	欧洲国家
IWS	国际羊毛局	世界上绝大多数国家
JIS	日本标准协会	日本
NF	法国标准化协会	法国
SATRA	鞋类和联合贸易研究协会	世界上绝大多数国家
US CPSC	美国消费品安全委员会	美国

（2）区域标准

区域标准是由区域性国家集团或标准化团体，为其共同利益而制定、发布的标准。如欧洲标准化委员会（CEN）、泛美标准化委员会（COPANT）、太平洋区域标准大会（PASC）、亚洲标准化咨询委员会（ASAC）、非洲标准化组织（ARSO）等机构制定发布的标准。区域标准中，有部分标准被收录为国际标准。

（3）国家标准

国家标准是由国家标准化组织，经过法定程序制定、发布的标准，在该国范围内适用。如中国国家标准（GB）、美国国家标准（ANSI）、英国国家标准（BS）、澳大利亚国家标准（AS）、日本工业标准（JIS）、德国标准（DIN）、法国标准（NF）等等。

（4）行业标准

行业标准是由行业标准化组织制定，由国家主管部门批准、发布的标准，以达到全国各行业范围内的统一。对某些需要制定国家标准，但条件尚不具备的，可以先制定行业标准，等条件成熟后再制定国家标准。

（5）企业标准

企业标准是企业在生产经营活动中为协调统一的技术要求、管理要求和工作要求所制定的标准。企业标准由企业自行制定、审批和发布，在企业内部适用。企业的产品标准必须报当地政府标准化主管部门备案，若已有该产品的国家或行业标准，则企业标准应严于相应的国家标准、行业标准的技术要求。

2. 按标准执行方式分类

标准的实施就是要将标准所规定的各项要求，通过一系列措施，贯彻到生产实践中去。标准按执行方式分为强制性标准和推荐性标准。

（1）强制性标准

强制性标准是指为保障人体健康、人身财产安全所制定的标准，以法律、行政法规规定强制执行的标准。在我国国家标准中，以GB开头的标准属强制性标准。

强制性标准必须严格强制执行。在国内销售的一切产品，凡不符合强制性标准要求者，均不得生产和销售；专供出口的产品，若不符合强制性标准的要求者，均不得在国内销售；不准进口不符合强制性标准要求的产品。对于违反强制性标准的，由法律、行政法规规定的行政主管部门或工商行政管理部门依法处理。

在我国，强制性标准包括：药品标准；食品卫生标准；产品生产、贮运和使用中的安全、卫生标准；劳动安全、卫生标准；运输安全标准；工程建设的质量、安全标准；环境保护和环境质量标准；通用技术语言、互换性、配套性的标准；通用的试验、检验方法标准；能源消耗、物资消耗标准；农业重要产品标准；国家纺织产品基本安全技术规范；国家需要控制的重要产品质量标准；其他有关法律、法规规定的强制执行的标准。

（2）推荐性标准

除强制性标准外的其他标准是推荐性标准。在我国国家标准中，以 GB/T 开头的标准属推荐性标准。

对推荐性标准，国家鼓励企业自愿采用。推荐性标准作为国家或行业的标准，有其先进性和科学性，一般都等同或等效采用了国际标准。企业若能积极采用推荐性标准，有利于提高企业自身的产品质量和国内外市场的竞争能力。

3. 按表现形式分类

（1）标准文件

仅以文字形式表达的标准。

（2）标准样品

以实物标准为主，并附有文字说明的标准，简称“标样”。标样由指定机构按一定技术要求制作成“实物样品”或“样照”，如棉花分级标样、棉纱黑板条干样照等。这些“实物样品”和“样照”可供检验外观对照判别之用。其结果与检验者的经验、综合技术素质关系密切。随着检测技术的提高，某些用目光检验，对照“标样”评定其优劣的方法，已逐渐向先进的计算机视觉检验方法发展。

三、任务实施

到纺织企业进行调研，也可借助图书馆和网络，查阅纺织相关标准，重点了解纺织服装面料检测标准的内容，提交一篇调查报告，阐述自己了解的纺织纤维与纱线检测标准。

四、任务评价

将学生分成若干小组，以组为单位，讨论每一位同学提交的调查报告，做出小组评价；再由教师做出综合评价，给出完成本任务的成绩。

任务二 检测抽样方法和试样准备

一、任务目标

学会纺织纤维与纱线检测的抽样方法和试样准备，学会识读温湿度计，在接到测试任务后，能按相关标准对相应项目进行科学抽样和试样准备。

二、知识准备

（一）检测抽样方法

对于纺织纤维与纱线的各项检测，实际上只能限于全部产品中的极小一部分。一般情况下，被测对象的总体总是比较大的，且大多数检测是具破坏性的，不可能对总体的全部进行检测。因此，通常都是从被测对象总体中抽取试样进行检测。

为了保证试样对总体的代表性，就要采用合理的抽样方法，即按照随机抽样原则进行抽样。具体来说，抽样方法主要有以下四种：

1. 纯随机取样

从总体中抽取若干个样品(子样),使总体中每个单位样品被抽到的机会相等。这种取样就称为纯随机取样,也称简单随机取样。纯随机取样对总体不经过任何分组排队,完全凭着偶然的机会从中抽取。从理论上讲,纯随机取样最符合取样的随机原则,因此,它是取样的基本形式。

纯随机取样在理论上虽然最符合随机原则,但在实际上则有很大的偶然性,尤其是当总体的变异较大时,纯随机取样的代表性就不如经过分组再抽样的代表性强。

2. 等距取样

等距取样是先把总体按一定的标志排队,然后按相等的距离抽取样品。

等距取样相对于纯随机取样而言,可使子样较均匀地分配在总体之中,可以使子样具有较好的代表性;但是,如果产品质量有规律地波动,并与等距取样重合,则会产生系统误差。

3. 代表性取样

代表性取样是运用统计分组法,把总体划分成若干个代表性类型组,然后在组内用纯随机取样或等距取样,分别从各组中取样,再把各部分子样合并成一个子样。在代表性取样时,可按以下方法确定各组取样数目:以各组内的变异程度确定,变异大的组多取一点,变异小的少取一些,没有统一的比例;或根据各部分占总体的比例来确定各组应取的数目。

4. 阶段性随机取样

阶段性随机取样是从总体中取出一部分子样,再从这部分子样中抽取试样。从一批货物中取得试样可分为三个阶段,即批样、样品、试样。

(1) 批样

从待检测的整批货物中取得一定数量的包数(或箱数)。

(2) 样品

从批样中用适当方法缩小成试验室用的样品。

(3) 试样

从试验室样品中,按一定的方法取得做各项物理机械性能、化学性能的样品。

进行相关检测的纺织品,首先要取成批样或试验室样品,再制成试样。

(二) 检验方法

对纺织纤维与纱线的检验,主要采用感官检验、化学检验、仪器分析、物理测试、生物检验等检验手段,从而确定其是否符合标准或贸易合同的规定。

1. 按纺织纤维与纱线的检验内容分

从纺织纤维与纱线的检验内容来看,其检验可分为品质检验、规格检验、数量检验、包装检验和涉及安全卫生项目的检验。

(1) 品质检验

影响纺织纤维与纱线品质的因素,概括起来可以分为内在质量和外观质量两个方面。因此,纺织纤维与纱线品质检验大体上也可以划分为内在质量检验和外观质量检验两个方面。

纺织纤维与纱线的内在质量是决定其使用价值的一个重要因素。内在质量检验是指借助仪器设备对产品的物理机械性能的测定和化学性质的分析,如纱线捻度、纺织纤维与纱线回潮率,以及强伸度、混纺纱纤维含量的测定等等。

纺织纤维与纱线的外观质量检验大多采用感官检验法,如纺织纤维与纱线所含外观疵点的检验及色泽等。由于官能检验带有较多的人为影响因素，所以需要检测人员具有丰富的经验，并经常要统一目光。

(2) 规格检验

纺织纤维与纱线的规格一般是指纺织纤维的长度、纺织纤维与纱线的细度等检验。

(3) 数量检验

纺织纤维与纱线是按质量计量的，因此需考虑到包装材料的质量和水分等其他物质对其的影响。质量主要有以下几种计量表述：

① 毛重：指纺织纤维和纱线本身质量加上包装质量。

② 净重：指纺织纤维和纱线本身质量，即除去包装物质量后的实际质量。

③ 公量：用科学的方法除去纺织服装面料所含的水分，再加上贸易合同或标准规定的水分所求得的质量。即：

$$\text{公量} = \text{净重} \times \frac{1 + \text{公定回潮率}}{1 + \text{实际回潮率}} \tag{1-1}$$

采用公量计重，主要是考虑到纺织纤维与纱线具有一定的吸湿能力，所含水分质量受到环境条件的影响，从而导致其质量不稳定。为了准确计算质量，国际上常采用“按公量计算”的方法。

(4) 包装检验

纺织纤维与纱线的包装检验是根据贸易合同、标准或其他有关规定，对纺织纤维与纱线的外包装、内包装以及包装标志进行检验。纺织纤维与纱线的包装既要保证质量、数量完好无损，又要使用户和消费者便于识别。纺织纤维与纱线的包装检验主要内容包括：核对纺织纤维与纱线的商品标记、运输包装（俗称大包装或外包装）和销售包装（俗称小包装或内包装）是否符合贸易合同、标准及其他有关规定。

2. 按被检验产品的数量分

从被检验产品的数量上看，纺织纤维与纱线检测分为全数检验和抽样检验两种。

全数检验是对批（总体）中的所有个体进行检验。抽样检验则是按照规定的抽样方案，随机地在一批中抽取少量个体进行检验，并根据抽样检验的结果来推断总体的质量。纺织纤维与纱线的检验中，一般都采用抽样检验的方式。

（三） 试样准备

1. 标准大气条件

纺织纤维和纱线大多具有一定的吸湿性，其吸湿量的大小主要取决于纤维的内部结构，同时大气条件对吸湿量也有一定影响。在不同大气条件下，特别是在不同相对湿度下，各种纺织纤维或纱线的平衡回潮率不同。环境相对湿度增高，会使材料的吸湿量增加，从而引起一系列性能变化，如质量增加、纤维截面积膨胀加大、纱线变粗、织物厚度增加、长度缩短、纤维绝缘性能下降、静电现象减弱等等；反之亦然。为了使纺织材料在不同时间、不同地点测得的结果具有可比性，必须统一规定测试时的大气条件，即标准大气条件。

标准大气亦称大气的标准状态，有三个基本参数：温度、相对湿度和大气压力。国际标准中规定的标准大气条件为：温度（T）为 20 ℃（热带地域为 27 ℃），相对湿度（RH）为 65%，大气压力为 86～106 kPa，视各国地理环境而定（温带标准大气与热带标准大气的差异在于温度，其他条件均相同)。我国国家标准规定大气压力为 1 个标准大气压,即 101.3 kPa(760 mm 汞柱)。在温湿度的规定上,考虑到保持温湿度无波动是不现实的,故标准又规定了允许波动的范围:

一级标准:温度 20 ℃±2 ℃,相对湿度 65%±2%;

二级标准:温度 20 ℃±2 ℃,相对湿度 65%±3%;

三级标准:温度 20 ℃±2 ℃,相对湿度 65%±5%。

仲裁检验应采用一级标准大气条件,常规检验采用二级标准大气条件,要求不高的检验可用三级标准大气条件。

2. 调湿

纺织纤维与纱线的吸湿或放湿平衡需要一定时间,同样条件下由放湿达到平衡时的平衡回潮率高于由吸湿达到平衡时的平衡回潮率,这种因吸湿滞后现象带来的平衡回潮率误差,会影响纺织材料性能的测试结果。因此,在测定纺织品的物理机械性能之前,检测样品必须在标准大气下放置一定时间,并使其由吸湿达到平衡回潮率。这个过程称为调湿处理。

验证达到调湿平衡的通常办法是:将进行调湿处理的纺织品,每隔 2 h 连续称重,其质量递变(递增)率不大于 0.25%;或每隔 30 min 连续称重,其质量递变(递增)率不大于 0.1%,则可视为达到平衡状态。若不按上述办法验证,通常,一般纺织材料调湿 24 h 以上即可,合成纤维调湿 4 h 以上即可。但必须注意,调湿期间应使空气能畅通地通过需调湿的纺织品,调湿过程不能间断;若被迫间断,必须重新按规定调湿。

3. 预调湿

为消除因纺织纤维与纱线的吸湿滞后现象影响检测结果,使同一样品达到相同的平衡回潮率,在调湿处理中,统一规定由吸湿方式达到平衡。不选择放湿方式是因为吸湿速率高于放湿速率,而且纺织品使用环境的湿度通常低于标准大气条件下的湿度,选择吸湿方式也更为合理。当样品在调湿前比较潮湿时(实际回潮率接近或高于标准大气条件下的平衡回潮率),为了确保样品能在吸湿状态下达到调湿平衡,需要进行预调湿。

预调湿的目的是降低样品的实际回潮率,通常规定预调湿的大气条件为:温度不超过 50 ℃,相对湿度为 10%～25%。这一大气条件的获得,可以通过把相对湿度为 65%、温度为 20 ℃(或 27 ℃)的空气加热至 50 ℃来实现。样品在上述环境中每隔 2 h 连续称重,其质量递变(递减)率不超过 0.5%,即完成预调湿。一般预调湿 4 h 便可达到要求。

三、任务实施

到纺织生产企业进行调研,了解纺织纤维与纱线检测的取样程序和方法。到学校实训室,查看恒温恒湿实验室的温度和相对湿度,学习纺织纤维与纱线的调湿处理过程和方法。完成一篇调查报告。

四、任务评价

将学生分成若干小组,以组为单位,讨论每一位同学提交的调查报告,做出小组评价;再由教师做出综合评价,给出完成本任务的成绩。

任务三 检测数据处理

一、任务目标

学会按规定对检测结果进行数值修约，能对测试结果进行误差分析和异常值处理。

二、知识准备

纺织纤维和纱线的检测结果正确与否，会影响到其合理使用及商业贸易，因此在纺织纤维与纱线品质检测过程中要尽可能减少测量误差。

（一）测量误差

1. 误差的分类

测量误差是检测结果与其真值之间的差异，按产生的原因可分为系统误差、随机误差、过失误差。

（1）系统误差

系统误差是指检测过程中产生的一些恒定的或遵循某种规律而变化的误差。在国家计量规范 JJF 1059—1999《测量不确定度评定与表示》中，系统误差的定义是："在重复性条件下，对同一被测量进行无限多次测量所得结果的平均值与被测量真值之差。"系统误差的特点是带有规律性，一般可以修正或消除。

引起系统误差的原因很多，主要有：①检测原理或检测方法不完善，如计算公式是近似的或忽略了一些因素的影响等；②仪器设备缺陷，如等臂天平的两臂不相等，未能调整到理想状态；③环境条件不稳定，如环境温湿度不稳定、气压变化等；④操作人员操作不当，如对准目标时总是偏左或偏右、估计读数时总是偏大或偏小等。

系统误差决定了检测的准确度，系统误差越小，检测结果的准确度越高。

（2）随机误差

随机误差又称偶然误差，是随机产生的，是在对同一产品的检测过程中，由于操作人员技术不熟练、外界条件变动、检测仪器不完善、检测对象本身的状态发生变化等偶然因素的影响而引起的误差。由于随机误差的存在，对同一量值在相同条件下做多次重复检测会出现许多不同的检测结果。就随机误差的个体而言，是没有规律、不可控制的，但就其总体来说则服从于一定的统计规律。实践表明，随机误差遵循正态分布规律，可按正态分布特征进行处理。

随机误差决定了检测的精密度，随机误差越小，检测结果的精密度越高。

（3）过失误差

过失误差亦称疏失误差、粗大误差，是指一种显然偏离实际值的误差。它没有任何规律可循，纯属偶然引起，如检测时由于操作者工作不认真而对错标记、精神过度疲劳导致操作出错（如将"3"读成"5"，将"9"记作"7"）或偶然一个外界干扰因素等造成。

一旦发现检测结果中存在过失误差（有时将与均值的偏差超过 3 倍标准差的数据视为过失误差），必须从检测结果中剔除。

2. 误差的表示

（1）绝对误差

绝对误差是测定值 X 和真值 μ_0 之间的差值。用 ΔX 表示绝对误差，则：

$$\Delta X = X - \mu_0 \tag{1-2}$$

事实上，真值 μ_0 是未知的；但可以通过量具或高一级准确度的仪器进行校核等方法，来预先掌握仪器的测量误差 ΔX，再由测量值 X 估计真值 μ_0 的所在区间。即：

$$\mu_0 = X \pm \Delta X \tag{1-3}$$

可见，只有在仪器的误差或校正值的范围已知的情况下，检测结果才有意义。

在实际检测中，当没有显著的系统误差时，只要检测的次数足够，根据数理统计理论，就可用所测数据（测定值）的算术平均值代表其真值。

（2）相对误差

相对误差是绝对误差 ΔX 与真值 μ_0 的比值。用 δ 表示相对误差，则：

$$\delta = \Delta X / \mu_0 \times 100\% \tag{1-4}$$

实际计算时，可以近似地用测定值 X 代替分母中的真值 μ_0，δ 越大，测定值 X 偏离真值越远，检测的准确度就越差。

相对于绝对误差而言，相对误差更能反映检测结果的准确性。

3. 误差的来源

（1）仪器误差

仪器误差是仪器设计所依据的理论不完善，或假设条件与实际检测情况不一致（方法误差），以及由于仪器结构不完善、仪器校正与安装不良（工具误差）所造成的误差。

在仪器上可能出现的误差主要有以下几种：

① 零值误差：仪器零点未调整好，检测结果的绝对误差为一常数；

② 校准误差：仪器刻度未校准，指示结果系统偏大或偏小，相对误差为一常数；

③ 非线性误差：仪器输入量与输出量之间不符合线性转换关系；

④ 迟滞误差：仪器输入量由小到大或由大到小，在同一检测点出现输出量的差异，或是仪器进程示值与回程示值之间的差异（进回程差）；

⑤ 示值变动性：对同一被测对象进行多次重复检测，检测结果的不一致性；

⑥ 温差和时差：温差指仪器在不同温度条件下仪器性能的变化，时差是指仪器在相同检测条件下仪器性能随时间的变化。

（2）环境条件误差

检测环境条件变化，如温湿度改变、电磁场影响、外来机械振动、电源干扰等所产生的误差。其中环境温湿度变化还会引起试样本身的物理机械性能的变化。

（3）人员操作误差

由于检测人员的操作不规范所造成的误差，包括读数视差等。

（4）试样误差

纺织纤维与纱线被测对象的总体很大，要检测出全部总体性质的真值是不可能的。由于总体中个体性质存在离散性、取样方法不当、取样代表性不够和检测个体数量不足等，都会产生试样误差。

试样误差是除仪器误差以外，另一个影响检测结果准确性的重要因素，它取决于试样量的大小和抽样方法。

关于抽样方法，已在本项目的任务二中介绍，这里不再重复。

为了控制和消除试样误差，试样量大小（样本容量）在大多数情况下是根据数理统计方法确定的。这里简要介绍纺织行业中常用的有限总体和无限总体两种确定取样数量的方法。

① 有限总体的样本容量：顾名思义，有限总体的数量是有限的。如从 N 包纤维中要抽取 n 包检验，可由下式求得：

$$n=\frac{\left(\frac{t\times s}{\Delta}\right)^2}{\left[1+\frac{1}{N}\left(\frac{t\times s}{\Delta}\right)^2\right]}=\frac{\left(\frac{t\times CV}{\Delta}\right)^2}{\left[1+\frac{1}{N}\left(\frac{t\times CV}{E}\right)^2\right]} \tag{1-5}$$

式中：n——取样数量；

t——取决于要求的概率水平的系数（可查 t 值表，即表 1-2）；

s——标准差；

CV——变异系数；

Δ——允许偏差；

E——保证误差率；

N——有限总体的个数。

表 1-2　t 值表

α	t（双侧有限）	t（单侧有限）
0.10	1.645	1.282
0.05	1.960	1.645
0.01	2.576	2.326

【例 1】 现有短纤维 1 000 包，由历史资料得知包与包之间的质量变异系数为 1%，保证误差率确定为 0.5%，要求置信水平（1－α）为 95%，求取样包数。

由题意，在 $\alpha=5\%$ 的显著性水平下，查表 1-2 得 $t=1.96\approx 2$；又知：$CV=1\%$，$E=0.5\%$，$N=1\,000$。则：

$$n=\frac{\left(\frac{2\times 0.01}{0.005}\right)^2}{\left[1+\frac{1}{1\,000}\left(\frac{2\times 0.01}{0.005}\right)^2\right]}=16\text{（包）}$$

② 无限总体的样本容量：在进行某些纺织品的性能检测（如纤维、纱线的强力）时，检测数量远小于总体数量，可认为总体是无限的。即：

$N\to\infty$，则：

$$n'=(t\times CV/E)^2 \tag{1-6}$$

当 CV 值未知时，可先指定一个试验次数 n；根据 n 次试验结果求出 CV 值，再代入公式求

出 n'。若 $n'<n$，则认可原设定的 n；否则需要补做 $(n'-n)$ 次试验。

【例 2】 已知 $\alpha=10\%$，$E=4\%$，欲确定纱线强伸度试验的检测次数。

查表 1-2 得 $t=1.645$，故：

$$n=(1.645\times CV/0.04)^2=1\ 700\ CV^2$$

因此，只要知道 CV 值就能求出 n。在没有历史资料可查时，可先测 $n=30$ 次，由这 30 次试验的结果得到变异系数 $CV=17\%$，将此值代入上式求出：

$$n'=1\ 700\times(0.17)^2=49.13$$

故需补测 20 次。

一般试验取 $E=\pm3\%$；样品性质离散性大的项目，如强力试验取 $E=\pm4\%$ 或 $\pm5\%$。置信概率水平一般取 95%（即显著性水平 $\alpha=5\%$），要求高的场合用 99%（$\alpha=1\%$），要求低的场合用 90%（$\alpha=10\%$）。

4. 误差的估计

按照绝对误差的定义（$\Delta X=X-\mu_0$），可以转化如下：

$$\Delta X=X-\mu_0=(\overline{X}-\mu_0)+(X-\overline{X})=s+r \tag{1-7}$$

式中：$\overline{X}$ ——多次检测的平均值；

$s=\overline{X}-\mu_0$ —— 平均值与真值之间的偏差，即系统误差；

$r=X-\overline{X}$ —— 检测值围绕平均值的波动（离散），即随机误差。

也就是说，绝对误差是由系统误差和随机误差两个部分组成的。

这是误差的直接表示方法，当然也可以间接表示和估计误差。

（1）准确度

准确度是检测结果中系统误差与随机误差的综合，表示检测结果与真值的一致程度（$X-\mu_0$）。准确度反映了检测的各类误差的综合，误差大，准确度就低。一切检测的试验设计及数据的统计处理，都是为了提高试验的准确度。

（2）正确度

正确度表示检测结果中系统误差的大小，是检测结果接近于真值的程度，即多次检测值的算术平均值与真值的相符程度（$\overline{X}-\mu_0$）。它是在规定条件下检测的所有系统误差的综合，系统误差大，正确度就低。

（3）精密度

精密度表示检测结果中随机误差的大小，即在一定条件下多次检测结果彼此相符的程度（$X-\overline{X}$）。随机误差越小，检测的精密度就越高。精密度可以用重复性和复现性表示。

重复性是指在同一实验室内，由同一操作者，在相同试验条件和较短时间间隔内，用同一台仪器、相同的试验方法，对同一试样进行试验的结果的一致性。

重复性试验中的试样保持不变（即同一试样），而其他条件中一项或几项发生改变，就成为复现性。即：（或/和）在不同实验室，（或/和）由不同操作者，（或/和）采用不同仪器、（或/和）不同的试验方法，（或/和）在间隔时间较长后，对同一试样进行试验的结果的一致性。

（二）异常值处理

在试验结果数据中，有时会发现个别数据比其他数据明显过大或过小，这种数据称为异常值。异常值的出现可能是被检测总体固有的随机变异性的极端表现，属于总体的一部分；也可能是由于试验条件和试验方法的偏离所产生的后果，或由于观测、计算、记录中的失误而造成，不属于总体。

异常值的处理应按国家标准 GB/T 4889—2008《数据的统计处理和解释　正态分布均值和方差的估计与检验》进行，一般有以下几种处理方式：

① 异常值保留在样本中，参加其后的数据分析；

② 剔除异常值，即把异常值从样本中排除；

③ 剔除异常值，并追加适宜的测试值计入；

④ 找到实际原因后修正异常值。

判断异常值首先应从技术上寻找原因，如技术条件、观测、运算是否有误，试样有否异常。如确信是不正常原因造成的，应舍弃或修正；否则可以用统计方法判断，对于检出的高度异常值应舍弃，一般检出异常值可根据问题的性质决定取舍。

（三） 数值修约

在进行实际检验时，往往要对一些数据进行修约。数值修约及有效位数的保留，应按国家标准 GB/T 8170—2008《数值修约规则与极限数值的标示和判定》进行。下面简要介绍有关数值的修约规则(0.1 单位修约)：

① 拟舍弃数字的最左一位数字小于“5”时，则舍去，即保留的各位数字不变。如：将“1.2469”修约到一位小数，得“1.2”。

② 拟舍弃数字的最左一位数字大于“5”(或等于“5”，且其右边的数字并非全部为“0”)时，则进“1”，即保留的末位数加“1”。如：将“1 469”修约到两位有效数字，得“15×10^2”；将“20.501”修约到两位有效数字，得“21”。

③ 拟舍弃数字的最左一位数字为“5”，其右边的数字全部为“0”时，若所保留的末位数字为奇数(1，3，5，7，9)则进“1”，为偶数(2，4，6，8，0)则舍弃。如：将“0.030 5”修约成两位有效数，则得“0.030”(“0.0”仅为定位用，非有效数字)；将“315 00”修约成两位有效数，则得“32×10^3”。

④ 不允许连续修约。应根据拟舍弃数字中最左一位数字的大小，按上述规则一次修约完成。如：将“15.474 8”修约成两位有效数，则应修约成“15”，而不能修约成“16”。

⑤ 数值修约规则可总结为：“四舍六入五考虑，五后非零应进一，五后皆零视前位，五前为偶应舍去，五前为奇则进一，整数修约原则同，不要连续做修约。”

三、任务实施

到纺织生产企业收集纺织纤维或纱线的质量检测报表，分析引起检测误差或异常值的原因。完成一篇分析报告。

四、任务评价

将学生分成若干小组，以组为单位，讨论每一位同学提交的调查报告，做出小组评价；再由教师做出综合评价，给出完成本任务的成绩。

【思考题】

1. 何谓标准、标准化？

2. 标准按执行方式可分为哪几类？试简要说明。
3. 何谓抽样检验？抽样方法有哪几种？
4. 解释下列标准的完整含义：
   (1) FZ/T 20017—2010《毛纱试验方法》
   (2) GB/T 17759—2009《本色布布面疵点检验方法》
   (3) GB 18401—2003《国家纺织产品基本安全技术规范》
   (4) GB 1103—2012《棉花　细绒棉》
   (5) GB/T 398—2008《棉本色纱线》
5. 纺织纤维与纱线检测的标准大气条件怎样？为何要进行调湿、预调湿？
6. 测量误差按产生的原因分哪几种？试简要说明。
7. 如何减少因试样引起的检测误差？
8. 何谓检测的异常值？如何处理异常值？

项目二 纺织纤维的检测

知识目标：掌握纺织纤维的分类及各种纤维的性能和品质特征。

能力目标：能进行纺织纤维的鉴别，会检测和评定各种纤维的性能和品质。

纺织纤维是制成纺织品的最基本的原料，纺织品的绝大部分性能在很大程度上都取决于纺织纤维的各项性能。此外，纺织纤维的种类繁多，为了优化使用各种纺织纤维原料，合理配置原料成分，提高产品质量，降低原料消耗，真正做到优质优用、优质优价，必须对纺织纤维的各项性能进行科学测试，以充分、可靠的测试数据来指导生产实践。

子项目一 棉纤维商业贸易检验

棉花的种类很多，目前主要有细绒棉和长绒棉两种，其中细绒棉的产量占98%以上。从棉田中采得的叫籽棉，须经轧花厂初加工（轧花）后方能得到纺纱用的皮棉（原棉）。根据籽棉初加工采用的轧棉机不同，得到的皮棉有皮辊棉和锯齿棉两种。通常，籽棉经轧花后所得到的皮棉质量占原来籽棉质量的百分率称为衣分率，一般为30%～40%。在棉花收购时，为体现优质优价的基本原则，必须对籽棉进行商业贸易检验，即对棉纤维进行品质评定。棉纤维的品质评定主要采用感官检验检测方法，适当配合部分仪器检测。检测时，采用试轧籽棉，通过检测所得皮棉的品级、手扯长度、马克隆值、回潮率和含杂率等，综合评定棉花的品质，决定棉花的等级差价。合理地评定棉花品质，不仅有利于商业贸易，还能促进原棉品质的提高，并且为纺纱厂根据产品要求合理选配原棉提供方便。

任务一 棉纤维品级检测

一、任务目标

掌握棉纤维品级标准，在接到测试样品后，能对照棉纤维文字标准和实物标准，对棉纤维试样进行分级检测。

二、知识准备

棉花品级，其中“品”代表品质，“级”代表级别，“品”和“级”都有等级的含义。品级是原棉质量好坏的一个重要的综合性指标，不同品级的棉纤维，有不同的使用价值和经济价值。品级不同的棉纤维，经过科学、合理的定级，可作为收购、加工、交接验收等各环节的结价依据之一。

（一）细绒棉的品级标准

1. 细绒棉品级条件规定

根据国家标准 GB 1103—2012《棉花　细绒棉》规定，细绒棉按成熟度、色泽特征和轧工质量三个方面分为七个级，即一至七级，三级为标准级，七级以下为级外棉。细绒棉的品级条件见表 2-1。

表 2-1　细绒棉品级条件

级别	皮辊棉			锯齿棉		
	成熟程度	色泽特征	轧工质量	成熟程度	色泽特征	轧工质量
一级	成熟好	色泽洁白或乳白，丝光好，稍有淡黄染	黄根、杂质很少	成熟好	色泽洁白或乳白，丝光好，稍有淡黄染	索丝、棉结、杂质很少
二级	成熟正常	色泽洁白或乳白，丝光好，有少量淡黄染	黄根、杂质少	成熟正常	色泽洁白或乳白，有丝光，稍有淡黄染	索丝、棉结、杂质少
三级	成熟一般	色泽洁白或乳白，稍见阴黄，稍有丝光，淡黄染和黄染稍多	黄根、杂质稍多	成熟一般	色白或乳白，稍有丝光，有少量淡黄染	索丝、棉结、杂质较少
四级	成熟稍差	色白，略带灰黄，有少量污染	黄根、杂质较多	成熟稍差	色白，略带阴黄，有淡灰、黄染	索丝、棉结、杂质稍多
五级	成熟较差	色灰白，带阴黄，污染棉较多，有糟绒	黄根、杂质多	成熟较差	色灰白，有阴黄，有污染棉和糟绒	索丝、棉结、杂质较多
六级	成熟差	色灰黄，略带灰白，有各种污染棉，糟绒多	杂质很多	成熟差	色灰白或阴黄，污染棉、糟绒多	索丝、棉结、杂质较多
七级	成熟很差	色灰暗，有各种污染棉，糟绒很多	杂质很多	成熟很差	色灰黄，污染棉、糟绒多	索丝、棉结、杂质很多

根据品级条件，产生实物标准。品级实物标准分籽棉、皮辊棉、锯齿棉三种。籽棉品级实物标准作为指导五分（分摘、分晒、分存、分轧、分售）使用。皮辊棉、锯齿棉品级实物标准是棉花定级的依据，棉花收购定级以皮辊棉的品级实物标准为依据。

实物标准分全国基本标准和地方仿制标准。标准每年更新，以保持各级程度的稳定。品级实物标准都是底线，即最低标准，低于此标准即为下一级。

黄棉、灰棉、拔杆剥桃棉，由各省、市、自治区参照全国基本标准的品级程度制作参考标样，但最高级不超过四级。

2. 细绒棉品级参考指标（表 2-2）

表 2-2 细绒棉品级参考指标

品级	成熟系数≥	断裂比强度(cN/tex)≥	轧工质量				
			皮辊棉		锯齿棉		
			黄根率(%)≤	毛头率(%)≤	疵点(粒/100 g)≤	毛头率(%)≤	不孕籽含棉率(%)
一级	1.6	30	0.3	0.4	1 000	0.4	20～30
二级	1.5	28	0.3	0.4	1 200	0.4	
三级	1.4	28	0.5	0.6	1 500	0.6	
四级	1.2	26	0.5	0.6	2 000	0.6	
五级	1.0	26	0.5	0.6	3 000	0.6	

注:疵点包括破籽、不孕籽、索丝、软籽表皮、僵片、带纤维籽屑及棉结;断裂强度隔距为 3.2 mm。

(二) 长绒棉的品级标准

国产长绒棉品级按成熟度、色泽特征和轧工质量三个方面分为五级,标准等级分为三级。用于纺制生产特细特纱的是一级、二级长绒棉;三级棉可少量用于质量要求较低、纱号较粗的纱线;四级、五级棉均为霜后棉,常少量用于细号纱和需要增加强力的品种。

国产长绒棉主要产于新疆,主要种植品种有新海棉、军海棉两个系列品种,新的品种也不断出现。由地方对不同品种分别制订标准,品级检验按标准样照对照。

长绒棉纤维细、长度长,为保证轧花加工的质量,长绒棉的初加工采用皮辊轧棉机,不允许用锯齿轧棉机。

长绒棉的品级条件见表 2-3。

表 2-3 长绒棉品级条件

级别	成熟程度	色泽特征	轧工质量
一级	纤维完全成熟和成熟良好,手感富有弹性	色呈洁白、乳白或略带奶油色,略富有光泽	稍有叶屑,轧工好
二级	纤维成熟和基本成熟,手感有弹性	色呈洁白、乳白或带奶油色,有轻微的斑点棉,有光泽	叶片、叶屑等杂质较少,轧工尚好,黄根较少
三级	纤维不够成熟,手感弹性较差	色白或有深浅不同的奶油色,夹有霜黄棉及光块片,稍有光泽	叶片、叶屑等杂质较多,轧工正常,黄根较多
四级	纤维很不成熟,手感弹性较差	色略阴黄,霜黄棉、带光块片与糟绒较显著,并有软白及僵瓣棉,光泽差	叶片、叶屑等杂质甚多,轧工稍差,黄根多
五级	绝大部分纤维完全不成熟,手感无弹性	色泽较暗,有滞白棉。霜白棉、软白棉、带光片、糟绒等显著,无光泽	叶片、叶屑等杂质很多,轧工差,黄根很多

(三) 主要进口棉的品级标准

美国细绒棉分为白棉、淡灰棉、灰棉、淡点污棉、点污棉、淡黄染棉、黄染棉七个大类,共 37 个品级。其中 15 个品级有实物标准,分别为:白棉,自 GM 级到 GO 级;点污棉,自 SM 级至 LM 级;淡黄染棉,自 SM 级到 LM 级。其余的 22 个级只有文字说明。

每个品级实物标准,分别用 12 个或 6 个棉样,装在一个盒内,代表这个品级的高低差距,每个品级由选自四个不同地区的代表性棉样制成。

美棉品级由三个因素构成,即色泽、叶屑和轧工。色泽可用色彩、精亮和色度来描述,叶屑包括棉枝和铃片等，轧工是指皮棉表面的光滑或粗糙程度以及所含大小棉结的多少程度。

美棉白棉共分七级，即 GM、SM、M、SLM、LM、SGO、GO 和级外，其中 M 级为中级。

美国在国际贸易中，贸易合同上订有马克隆值保证为 3.5～4.9 和纤维卜氏强力不低于 80 kPb/in² 两个指标。

三、任务实施

依据我国国家标准 GB 1103—2012《棉花　细绒棉》，对来样原棉进行评级，将测定结果填入检测报告单。

原棉品级的检测方法如下：

① 取样应全面、及时，具有代表性。按规定扦取，每 10 包取样一筒(约 500 g)，不足 10 包按 10 包计算；100 包以上，每增加 20 包取样一筒；500 包以上，每增加 50 包取样一筒。棉样需在棉包 10～15 cm 深处整块扦取。原棉评级必须逐筒检验。

② 检测时，手持棉样压平、握紧举起，使棉样密度与品级实物标准密度相似，在实物标准旁进行对照确定品级。

③ 分级时应用手将棉样从分级台上抓起，使底部呈平行状态转向上，拿在稍低于肩胛离眼睛 40～50 cm 处，与实物标准对照检验。凡在本标准以上、上一级标准以下的原棉，即定为本级。

④ 检验每个棉样后，计算出批样中各相邻品级的百分比，其中占 80%及以上的品级定为主体品级。

四、任务评价

给每位学生分发部分原棉试样，在教师的指导下，学生按照标准规范对原棉试样进行品级评定，并填写检测报告单；然后以小组为单位，对检测结果进行互评；最后由教师点评，给出完成本任务的成绩。

原棉品级检测报告单

检测品号＿＿＿＿＿＿＿＿　　检测人员(小组)＿＿＿＿＿＿＿＿

检测日期＿＿＿＿＿＿＿＿　　温　湿　度＿＿＿＿＿＿＿＿

序号	检验品级	品级百分比	计算结果
1			主体品级
2			
3			
4			
5			
6			
7			
8			
9			
10			

任务二 棉纤维手扯长度检测

一、任务目标

掌握棉纤维手扯长度规定，在接到测试样品后，能采用正确的方法对棉纤维试样进行手扯长度检测。

二、知识准备

通常人们习惯将品级和手扯长度统称为原棉等级，可见手扯长度也是棉纤维的一项重要性能指标。原棉手扯长度即用手工检验原棉长度，以国家长度标准棉样作为校正的依据，表示原棉中占有纤维根数最多的纤维长度。手扯长度与仪器检验原棉长度指标中的主体长度相接近。按国家标准规定，长度检验时以 1 mm 为间距分八档，以 28 mm 为长度标准级，五级棉花长度大于 27 mm，按 27 mm 计；六、七级棉花长度均按 25 mm 计。细绒棉手扯长度分级如下：

25 mm，包括 25.9 mm 及以下；

26 mm，包括 26.0～26.9 mm；

27 mm，包括 27.0～27.9 mm；

28 mm，包括 28.0～28.9 mm，

29 mm，包括 29.0～29.9 mm；

30 mm，包括 30.0～30.9 mm；

31 mm，包括 31.0～30.9 mm ；

32 mm，包括 32.0 mm 及以上。

我国长绒棉手扯长度范围为 33～39 mm 。

三、任务实施

（一） 检测方法

依据 GB/T 19617—2007《棉花长度试验方法　手扯尺量法》规定，每份样品检验一个试样。手扯长度尺量法大体上分为一头齐法和两头齐法两种，用到的主要器具是黑绒板和钢尺，具有快速、方便、检验工具简单等特点，在产销地和试验室都可进行。在手扯的过程中还可估测纤维的整齐度、强力、成熟程度和短纤维率等品质情况。此法缺点是不能对纤维长度分布情况得出具体数据以及各项长度指标。

（二） 检测步骤（以一头齐法为例）

1. 选取棉样

在分级棉样中，从不同部位多处选取有代表性的棉样约 10 g，将理，使纤维基本趋于平顺。

2. 双手平分

双手平分有以下两种方法：

① 双拳对排平分法（图 2-1）：将选取的小样放在双手并拢的拇指与食指间，使两拇指并齐，手背分向左右，用力握紧，以其余四

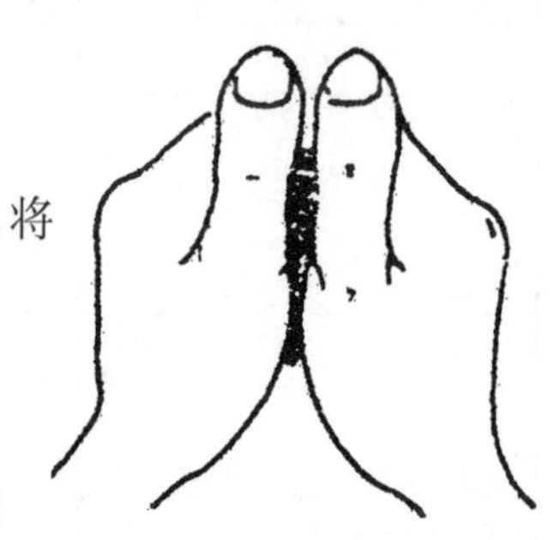

图 2-1　双拳对排平分

指做支点，两臂肘紧贴两肋，用力由两拇指处缓缓向外分开，然后将右手的棉样弃去，或合并于左手中重叠握持。

② 双拳齐排平分法(图 2-2)：将选取的小样用两手做捏拳状握紧，两手互相靠拢，手背向上，两手握紧棉样的食指对齐，左手拇指第二节与右手拇指第二节对齐，用力缓缓撕成两截，弃去右手的一半，或合并于左手中重叠握持。

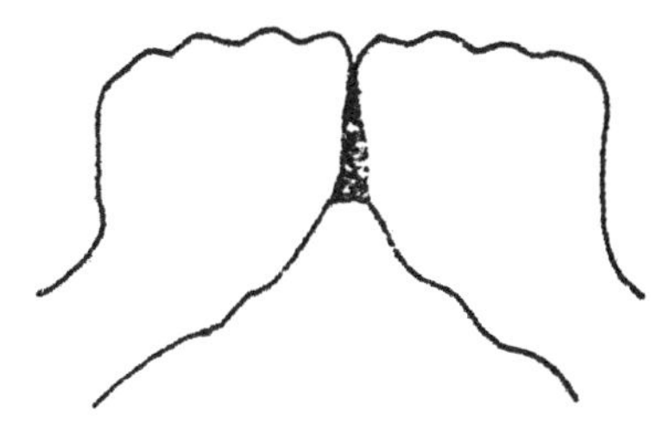
图 2-2　双拳齐排平分

采用上述两种方法，都必须使双手平分后的小样截面呈棕刷状，能伸出较顺的纤维，棉块基本上都被食指与拇指控制，用右手将截面上参差游离的纤维拿掉，使截面平齐，以便于抽取纤维。

3. 抽取纤维

用右手的食指与拇指，扯取左手中棉样截面各处伸出的纤维，顺次缓缓扯出；每次扯出的纤维，顺次重叠在右手的拇指与食指间，直到形成适当的棉束时停止。

4. 整理棉束

用左手清除棉束上的游离纤维、杂质、索丝和丝团等，然后将棉束轻拢合并，给棉束适当压力，缩小棉束面积，成为尖形的伸直平顺的棉束，以待抽拔。

5. 反复抽拔

如图 2-3 所示，将整理过的棉束，用右手压紧，左手拇指与食指第一节平行对齐，抽取右手棉束中伸出的纤维（夹取长度不宜过长，一般在两指间 1～1.5 mm)，并随时剔除棉束内夹有的丝团、杂物等。如此连续进行，使各处扯出的棉束在左手拇指与食指之间重叠，而且每次叠放时，应尽量使其根部(即每次扯取的右手纤维束的末端)叠放平齐。待逐渐把右手中的纤维束移到左手中后，再用右手清理左手中的纤维束。反复 2～3 次，使其成为一端齐而另一端不齐的平直光洁的棉束。最后，棉束质量一般为 60 mg 左右，长纤维可略重些。

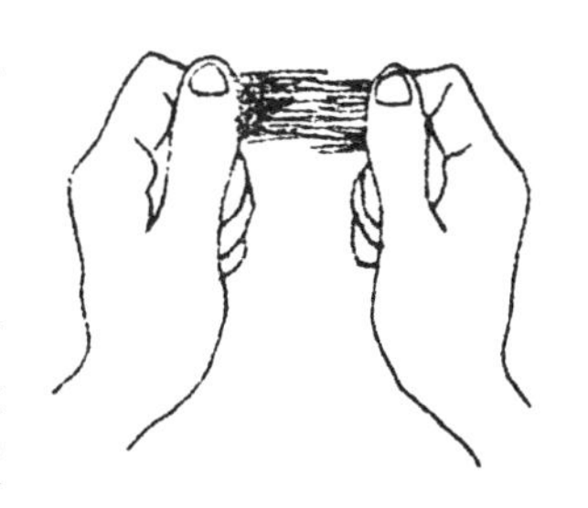
图 2-3　反复抽拔

6. 尺量棉束长度

将制作的一端整齐的棉束平放在黑绒板上，棉束无歪斜变形，用小钢尺刃面切取棉束(整齐的一端少切些，不整齐的一端多切些)，切取的程度以不露黑绒板为宜。棉束两端的切痕相互平行，用钢尺量取两平行线间的垂直距离，所量得的长度即为棉束的手扯长度。

两头齐法与一头齐法的基本操作要点相仿。但两头齐法要求制成经过整理的平整均匀、纤维伸直、互相接近平行的棉束，直至棉束两端整齐为止；然后用专用钢尺在两端整齐的棉束上画测量线，以不露黑绒板为宜，最后量取测量线之间的长度。

（三） 手扯长度结果计算

$$\text{平均手扯长度(mm)} = \frac{(\text{长度甲} \times \text{棉样只数}) + (\text{长度乙} \times \text{棉样只数}) + \cdots}{\text{棉样总只数}}$$

平均手扯长度计算到小数点后两位，按数值修约规则修约至一位小数。

四、任务评价

给每位学生分发部分原棉试样，在教师的指导下，学生对原棉试样进行手扯长度检测，并填写检测报告单；以小组为单位，对检测结果进行互评；最后由教师点评，给出完成本任务的成绩。

原棉手扯长度检测报告单

检测品号______________ 检测人员（小组）______________

检测日期______________ 温 湿 度______________

试样序号	检验手扯长度			各试样长度的算术平均值	手扯长度级
1					
2					
3					
4					
5					

任务三 棉纤维马克隆值检测

一、任务目标

掌握棉纤维马克隆值规定，在接到测试样品后，能正确操作仪器，检测棉纤维试样的马克隆值。

二、知识准备

马克隆值（Micronaire）是一定量的棉纤维在规定条件下透气性的量度，是用马克隆气流仪测得的指标，是同时反映棉纤维细度和成熟度的综合指标。马克隆值没有计量单位，它的高低在一定程度上决定了棉纤维的使用价值。

棉纤维马克隆值与成纱质量及可纺性能有着密切的关系。马克隆值过高或过低，其可纺性能均较差：马克隆值过高，成纱棉结少，但只适用于纺低支纱；马克隆值过低，适用于纺高支纱，但成纱棉结多。只有马克隆值适中，才能获得较全面的纺纱质量。

每个试验样品，根据其马克隆值确定马克隆值级。计算各马克隆值级所占的百分比，其中百分比最大的马克隆值级定为该批棉花的主体马克隆值级。马克隆值越大，纤维越粗，成熟度较高。按马克隆值大小分为三个级，即A级、B级、C级，B级分为B1和B2两档，C级分为C_1和C_2两档。B级为马克隆值标准级。一般将3.7～4.2的马克隆值范围称为优级马克隆值。

马克隆值分级分档范围见表2-4。

表2-4 马克隆值分级分档

分 级	分 档	马克隆值范围
A级	A	3.7～4.2
B级	B_1	3.5～3.6
	B_2	4.3～4.9
C级	C_1	3.4及以下
	C_2	5.0及以上

三、任务实施

国家标准 GB/T 6498—2008《棉纤维马克隆值试验方法》规定，棉纤维“马克隆值”采用棉纤维马克隆气流仪检测。棉纤维马克隆值检测仪器有 Fibronaire 气流仪、Portarl75 型便携式气流仪、HVI 900 系统中的 920 气流仪和 MJQ-175 型便携式气流仪等。我国最常用的是 MJQ-175 型气流仪，MJQ-175 型便携式气流仪，其外形结构如图 2-4 所示。它主要由气压天平系统、马克隆值测试系统和测量指示部分组成。气压天平系统由称样盘 2 及校正调节旋钮 1 等构成，马克隆值测试系统由多孔试样筒 8、调节阀 5 和 6 等组成，测量指示部分主要包括电子空气泵 13(或手动式充气球)、贮气筒 3、压差表 4、气路开关等。

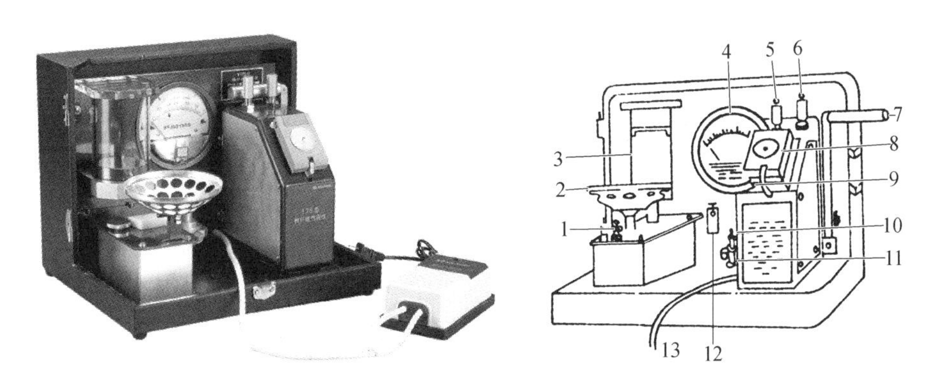

图 2-4 MJQ-175 型便携式气流仪

1—天平的校正调节旋钮；2—称样盘；3—贮气筒；4—压差表；5—零位调节阀；6—量程调节阀；7—手柄；8—试样筒；9—压差表调零螺钉；10—校正阀；11—校正阀托架；12—砝码；13—电子空气泵

(一) 仪器调整

压差天平调整：仪器通气前，首先观察压差表指针是否停在零位(或最低分度值)；如有偏差，应调节压差表底部的“零位校调螺丝”。然后将手柄 7 放在后位(手柄杆呈垂直状态)，接通气泵电源(或捏动充气球)向贮气筒内充气，待浮塞停稳后，此时压差表指针仍应指在零位(或最低分度值)；如有偏差，应调整仪器内部的基准通气口，使指针指在零位。最后将 8 g 砝码 12 放置在天平称盘的中心位置，此时手柄仍应放在后位，观察压差表指针是否在天平校正符号的中央，否则可调节天平的校正调节旋钮 1。

校正阀调整：将校正阀 10 插入试样筒内(以扭转动作插入)，将手柄扳到前下方限定位置，检查指针是否指在“2.5 Mic”；如果不在“2.5 Mic”，调节零位调节阀 5(左侧的一个旋钮)。再将校正阀顶端的圆柱向下按入限定位置，检查指针是否指在“6.5 Mic”，如果不在“6.5 Mic”，调节量程调节阀 6(右侧的一个旋钮)。重复上述步骤数次，直至指针准确对准两个标记(2.5 Mic 和 6.5 Mic)。最后将手柄扳到后上方，取出校正阀，并放回校正阀托架 11 内。

标准棉样校验：以覆盖待测样品范围的高、中、低三种马克隆值的标准棉样进行进一步校准，看马克隆值读数是否准确。

(二) 试样准备

检测前需从抽取的试验样品中拣去明显杂质，或由 Y101 型杂质分析机分析，再经调湿处理即可。

（三） 检测步骤

① 称取 8.00 g±0.016 g 的试验试样两份，称取试样时，接通仪器电源，将手柄置于后位，将试样放入气压天平内，增减试样直至压差表指针指在菱形标记的中间，此时试样的质量为 8.00 g±0.016 g。

② 打开试样筒上盖，将称好的试样分几次均匀装入试样筒，不得丢弃纤维，盖上试样筒盖并锁定在规定的位置上。然后将手柄扳到前下方限定位置，在刻度盘上读取马克隆值，估计到小数点后两位。再将手柄扳到后上方限定位置（即后位），样筒盖自动打开，取出试样。

（四） 检测结果

每份试验样品试验两个试样，如果这两个试样的马克隆值差异超过 0.10，则从同一样品中再抽取一个试验试样，由三个试样的测试结果计算平均值。

MJQ-175 型便携式气流仪的测量范围为 2.5～6.5 Mic。对于低于 2.5 Mic 的棉纤维，仍用 8 g试样进行试验就显示不出结果。为此，应取较少的试验试样，借助于图 2-5，可求出棉纤维实际的马克隆值。图 2-5 的横座标表示实际马克隆值，纵坐标表示仪器测定值。用天平称准一定质量（7 g，6 g，5 g，…）的试样，放入试样筒中进行测定，在纵座标上找到该试样的仪器测定值，向右作水平线与该试样的质量斜线相交于某一点，则该点的横座标即为该试样的实际马克隆值。

例如：一份 6 g 的棉纤维试样，在仪器上测得马克隆值为 3.60，采用作图法查得该试样的实际马克隆值为 2.07（图 2-5）。

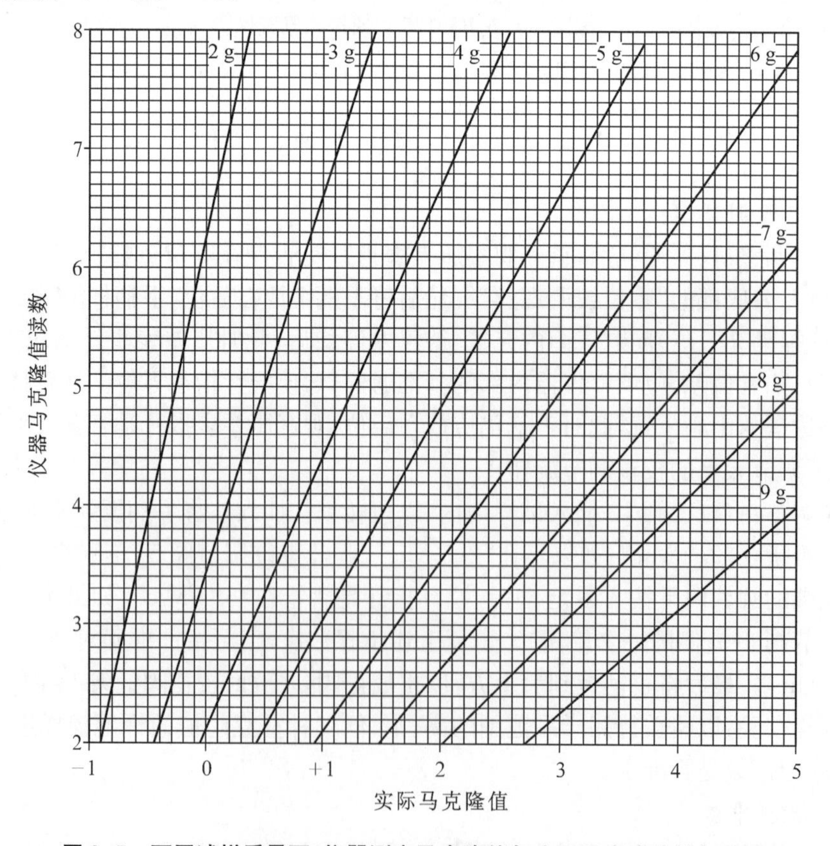

图 2-5 不同试样质量下，仪器测定马克隆值与实际马克隆值的相关图

四、任务评价

给每位学生分发部分原棉试样，在教师的指导下，学生对原棉试样进行马克隆值检测，并填写检测报告单；以小组为单位，对检测结果进行互评；最后由教师点评，给出完成本任务的成绩。

马克隆值检测报告单

检测品号______________　　检测人员(小组)______________

检测日期______________　　温　湿　度______________

<table>
<tr><th>试样序号</th><th>实测马克隆值</th><th>各试样马克隆值的算术平均值</th><th>修正后的马克隆值</th></tr>
<tr><td rowspan="2">1</td><td></td><td rowspan="2"></td><td rowspan="2"></td></tr>
<tr><td></td></tr>
<tr><td rowspan="2">2</td><td></td><td rowspan="2"></td><td rowspan="2"></td></tr>
<tr><td></td></tr>
<tr><td rowspan="2">3</td><td></td><td rowspan="2"></td><td rowspan="2"></td></tr>
<tr><td></td></tr>
</table>

任务四　棉纤维回潮率与含杂率检测

一、任务目标

掌握棉纤维回潮率与含杂率检测目的，在接到测试样品后，能正确操作仪器，检测棉纤维试样的回潮率与含杂率。

二、知识准备

（一）　回潮率的概念

回潮率用字母 W 表示，是指原棉中所含水分的质量(湿重与干重之差)对原棉干燥质量的百分比。用公式表示如下：

$$W = \frac{G_a - G_0}{G_0} \times 100\% \qquad (2\text{-}1)$$

式中：G_a——纤维或纱线的实际质量，g 或 mg；

G_0——纤维或纱线的烘干质量，g 或 mg。

我国原棉的回潮率一般为 8%～13%。原棉回潮率过高，不仅质量重，在贮存过程中易于霉变，而且在轧棉、清棉和梳棉等加工中易于扭结，除杂效率也低。因此，回潮率过高的棉花在轧棉或开清棉之前须经过干燥处理。在交接验收业务中，规定原棉公定回潮率为 8.5%，最高限度为 10.5%，实际回潮率不足或超过标准时，实行质量补或扣。

（二）　公定回潮率与标准质量

棉纤维公定回潮率时的质量称为标准质量，作为交接验收原棉时的结算依据。测得实际回潮率和实际质量后，可按下式求得标准质量：

$$G_s(g) = G_a \times \frac{1+W_a}{1+W_k} \tag{2-2}$$

式中：W_a——纤维或纱线的实际回潮率，%；

W_k——纤维或纱线的公定回潮率，%。

（三） 含杂率的概念

原棉中夹有的非纤维性物质，以及不孕籽、棉籽、籽棉、破籽等，统称为原棉的杂质。杂质质量对原棉试样质量的百分比称为含杂率，用字母 I 表示。原棉杂质检验是原棉品质检验中的一个组成部分。通过杂质检验，不仅能确定原棉的实际含杂率，计算原棉标准质量，从而核算用棉量，还能观察杂质的类别，确定除杂工艺。原棉标准含杂率为：皮辊棉 3%，锯齿棉 2.5%。在交接验收时，不足或超过标准时，按标准含杂率进行补或扣。根据原棉实际含杂率和实际质量，按下式计算标准质量：

$$G_s(g) = G_a \times \frac{1-I_a}{1-I_s} \tag{2-3}$$

式中：I_a——棉纤维的实际含杂率，%；

I_s——棉纤维的标准含杂率，%。

三、任务实施

棉纤维回潮率的检测方法大致可分为直接测定法和间接测定法两类。直接测定法有烘箱干燥法、红外线干燥法、真空干燥法、微波烘燥法、吸湿剂干燥法等。间接测试法有电阻测湿法、电容测湿法、微波吸收法等。

（一） 电测法检测棉纤维回潮率

在原棉商业贸易检验中，多采用电测法测定原棉回潮率，即电阻测湿仪测定法。此法测量快速、方便，能实现连续测定。

1. 检测原理

棉纤维是有机物质，干燥的棉纤维是不导电的，随着其回潮率增加，原棉的导电性也不断提高。因此，原棉中所含水分不同，它的导电性能也就不同。原棉中含水愈多，则导电性能愈好，电阻愈小。电测法就是通过测量原棉电阻值的大小，来间接测得原棉的回潮率。

2. 检测仪器

目前使用较多的电阻测湿仪有 Y412A 型、Y412B 型、BD-M 型。现以 Y412B 型（图 2-6）为例进行说明。

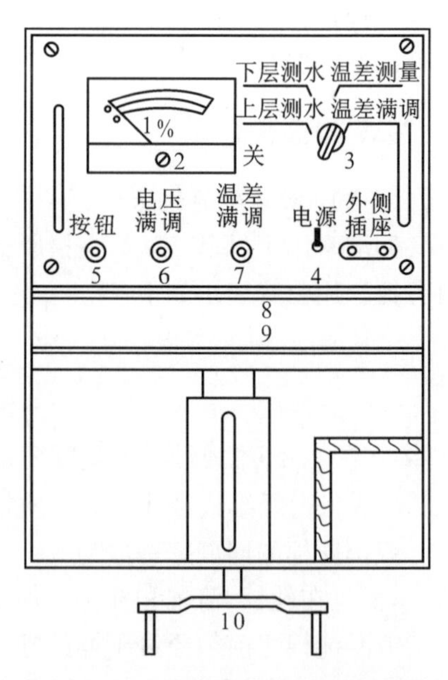

图 2-6 Y412B 型原棉电阻测湿仪面板

1—表头指针；2—调零螺丝；3—校验开关；4—电源开关；5—零值调整按钮；6—电压满调按钮；7—温差满调按钮；8，9—两极板；10—压力器

3. 检测程序

（1）仪器调整

检测前检查仪器电源、电压、零值位置，并分别进行满度、电压、温差调整。

① 满度调整：调整上层测水、下层测水、温差满调各

档满度。

② 电压满调：接通电源，将校验开关拔至上层测水或下层测水，按下按钮，看电表指针是否指示满度，如果有偏移，调节电压满调旋钮，使其指在满度，调整完毕断开电源开关。

③ 温差满调：将校验开关拨至温差测量档，打开电源开关，按下按钮，调节温差满调旋钮，使指针调至满度，调整完毕，断开电源开关。

(2) 检测步骤

① 取样：称取棉样 50 g±5 g，均匀地放在电测仪两极板之间，盖好玻璃盖板，旋紧压力器，使压力器指针指在小红点处。

② 测水：将校验开关拨至上层测水或下层测水，开启电源开关，指针立即偏转，待指针稳定后记下水分读数。

试样回潮率为 6%～12%的，使用上层测水档；超过 12%，使用下层测水档；低于 6%采用中层测水档。

(3) 温差补偿测定

将校验开关拨至温差测量档，按下按钮，指针立即偏转，记下温度补偿读数(正负数)。

(4) 结果计算

原棉回潮率(%)＝上(下)层测水读数 ＋ 温差补偿读数。

测试完毕关闭电源，退松压力器，将棉样取出。

(二) 烘箱法检测棉纤维回潮率

国家标准 GB/T 9995—1997《纺织材料含水率和回潮率的测定　烘箱干燥法》规定纺织材料回潮率的测定方法为烘箱干燥法。通风式烘箱干燥法是利用电热丝加热，使纺织材料中的水分蒸发于空气中，并利用换气装置将湿空气排出箱外；当纺织材料的质量烘至恒量时，即为其干重，从而计算纺织材料的回潮率。

1. 检测设备

YG747 型通风式快速烘箱如图 2-7 所示。

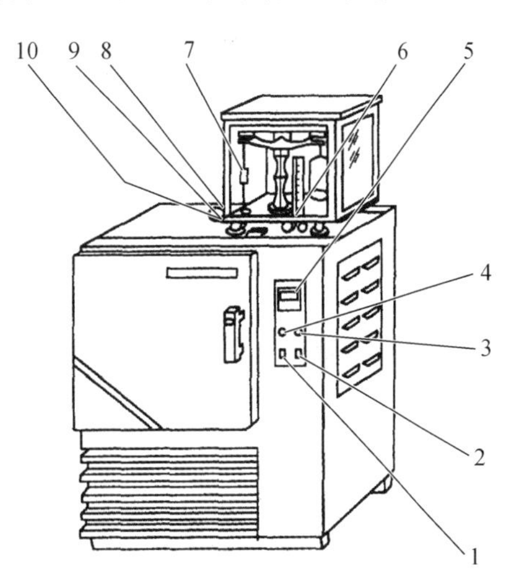

图 2-7　YG747 型通风式快速烘箱

1—照明开关；2—电源开关；3—暂停开关；4—启动按钮；5—温控仪；6—称重旋钮；7—钩篮器；8—转篮手轮；9—排汽阀；10—伸缩盖

2. 检测参数

(1) 烘燥温度

常用纤维的烘箱温度设置如表 2-5 所示。

(2) 烘燥时间

一般开始烘后 30 min，第一次称重时间，以后间隔 5～10 min 称重，直至烘干。

表 2-5　常用纤维的烘燥温度范围

纤维名称	腈纶	氯纶	桑蚕丝	其他纤维
烘燥温度(℃)	110±2	77±2	140±2	105±2

3. 检验步骤

① 校正烘箱上的链条天平；开启电源开关 2，通过温控仪 5 的触摸键，调节烘燥温度。从

密封的试样筒或塑料包装袋中取出试样，快速(1 min 内)称取试样的烘前质量(50 g)，精确至 0.01 g。将称好的试样扯松(扯落的杂质和短纤维应全部放回试样中)。

② 待烘箱内的温度上升到设定温度时，取下链条天平左方的砝码盘和放砝码盘的架子，换上钩篮器和烘篮，校正链条天平至平衡。从烘箱中取出烘篮，将称好的试样放入烘篮内，将烘篮放入烘箱内相对应的篮座上。如不足 8 个试样，则应在其余的烘篮内装入等量的纤维(否则会影响烘燥速度)。关闭烘箱门，按下启动按钮 4，烘箱开始工作。

③ 试样烘至一定时间后(约 30 min)，按下"暂停"按钮，1 min 后关闭排汽阀，打开伸缩盖 10，开启照明开关 1，旋转转篮手轮 8，用钩篮器勾住烘篮逐一称重，记录每个试样的质量。

④ 关闭伸缩盖，打开排汽阀，按下启动按钮。10 min(或 5 min)后进行称重，并记录每个试样的质量。

⑤ 重复步骤④，直至后一次称重与前一次称重的差异小于 0.05%，即可认为已经烘干至恒重（即干燥质量）。

⑥ 结果计算。每份试样的回潮率计算结果精确至小数点后两位；多份试样的平均值精确至小数点后一位。

烘箱法检测棉纤维回潮率时，有箱内称重与箱外称重两种称重方法，各有优缺点：

箱内法的优点是操作迅速方便，称重时试样仍保持高热干燥状态，过程比较严密；缺点是试样原重在常温下称取，而干燥质量在高温下称取，前后称重状态不一样。另外，此法称重一般用 1/100 g 精度的天平，在试样量较小的情况下误差较大。

箱外冷称的优点是烘前、烘后的周围环境一致，即在试验大气下称重。另外，此法可用 1/1 000 g精度的天平称重，称重误差较小，如操作过程严密，可使结果准确。其缺点是操作比较麻烦，试样在从烘箱内取出、冷却、称重等环节中，稍有不慎及容器密闭不良，均会带来误差，影响测试结果。

4. 操作注意事项

① 试样烘前、烘后质量应在同一个天平上称取，避免引入系统误差。

② 根据误差分析，试样质量的相对误差为 0.1%时，对回潮率将带来 0.1%的绝对误差。因此取样量应按标准规定称取，或比标准规定多，使称重的测量误差小于 0.1%。

③ 若在箱内热称，应在关闭烘箱电源 1 min 后再用天平称重，以免烘箱内的循环气流影响测试结果；多篮称重时，为保证试样在短时间内不吸收烘箱内的残余水分，应在 10 min 之内称完全部试样的质量。

④ 判定试样的恒重过程，需在第一次称重后每隔 10 min 再称一次，到前后两次称重差异不超过前一次称重的 0.05%为止，以最后一次的质量作为烘后质量(且后一次的质量比前一次小)。

⑤ 为使试样在烘箱内充分烘干，当试样质量超过 120 g 时，应分篮放置。

⑥ 应定期校验天平的精度、温度计的温度、烘篮的质量，使之保证在规定误差范围之内。

（三） 棉纤维含杂率检测

原棉中的杂质是指非纤维物质，包括泥沙、枝叶、铃壳、棉籽、籽棉、不孕籽和虫屎等，以及其他杂物。国家标准 GB/T 6499—2007《原棉含杂率试验方法》规定原棉含杂率采用手拣和机器分析进行测定。棉花标准含杂率：皮辊棉为 3.0%，锯齿棉为 2.5%。

1. 检测仪器

Y101 型原棉杂质分析机见图 2-8。

2. 检测方法

取一定质量的试样(50 包以下,称取两个 50 g 的测试样和一个 50 g 的备用测试样;50~400 包,称取两个 100 g 的测试样和一个 100 g 的备用测试样;400 包以上,称取三个 100 g 的测试样和一个 100 g 的备用测试样),平铺在干净的检验台上,拣出粗大杂质、棉籽等,连同落在台上的砂土等一并收起包好。将试样喂入原棉杂质分析机,进行分析检验。

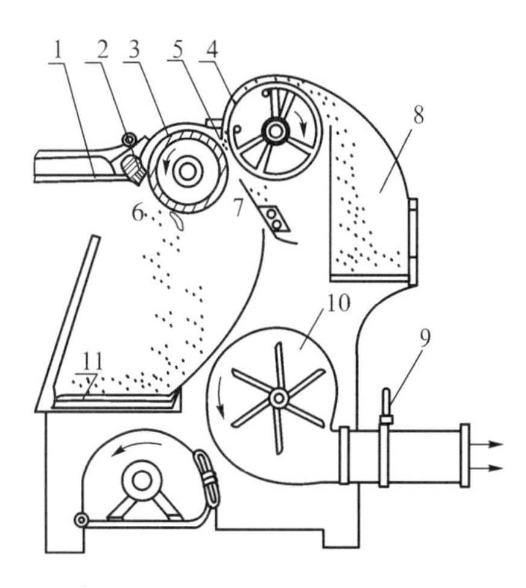

图 2-8 Y101 杂质分析机结构示意图

1—给棉板;2—给棉罗拉;3—刺辊;4—尘笼;5—剥棉刀;6—除尘刀;7—隔离板;8—集棉箱;9—风扇活门;10—风扇

操作原棉杂质分析机时,首先开启照明灯、风扇活门,开机空转 1~2 min;然后停机,清洁杂质箱、净棉箱、给棉台和刺辊;清洁完成后(调节风门大小至适当)开机,正常运转后陆续喂入试样,直至整个测试样分析完毕,取出第一次分析后的全部净棉;将取出的第一次分析的净棉,做第二次分析,然后取出全部净棉;关机,收集杂质盘内的杂质(收集杂质箱四周壁上、横档上、给棉台上的全部细小杂质。若杂质盘内落有小棉团、索丝、游离纤维,应将附在表面的杂质抖落后拣出),称取杂质质量(精确至 0.01 g)。

3. 结果计算

$$I=\frac{F+C}{S}\times 100\% \qquad (2\text{-}4)$$

式中:I——含杂率,%;

F——机拣杂质质量,g;

C——手拣粗大杂质质量,g;

S——试验试样质量,g。

四、任务评价

在教师的指导下,学生对原棉试样进行回潮率和含杂率检测后,计算棉纤维标准质量,并填写检测报告单;以小组为单位,对检测结果进行互评;最后由教师点评,给出完成本任务的成绩。

回潮率和含杂率检测报告单

检测品号________ 检测人员(小组)________

检测日期________ 温 湿 度________

<table>
<tr><td rowspan="4">称重次序</td><td colspan="2" rowspan="2">烘燥时间</td><td colspan="8">试样名称</td></tr>
<tr><td></td><td></td><td></td><td></td><td></td><td></td><td></td><td></td></tr>
<tr><td rowspan="2">实际时间(min)</td><td rowspan="2">间隔(min)</td><td colspan="8">试样编号</td></tr>
<tr><td>1</td><td>2</td><td>3</td><td>4</td><td>5</td><td>6</td><td>7</td><td>8</td></tr>
<tr><td></td><td></td><td></td><td colspan="8">质　量(mg)</td></tr>
<tr><td>1</td><td></td><td></td><td></td><td></td><td></td><td></td><td></td><td></td><td></td><td></td></tr>
<tr><td>2</td><td></td><td></td><td></td><td></td><td></td><td></td><td></td><td></td><td></td><td></td></tr>
</table>

（续 表）

称重次序	烘燥时间		试样名称							
			试样编号							
	实际时间（min）	间隔（min）	1	2	3	4	5	6	7	8
			质　量(mg)							
3										
4										
5										
回潮率 W(%)										
平均回潮率 W(%)										

测试		试样质量 S(g)	机拣杂质质量 F(g)	手拣杂质质量 C(g)	净棉质量(g)
次数	1				
	2				
合计					
平均					
平均含杂率(%)					
标准质量(g)					

知识拓展

一、原棉含糖检验

（一）棉纤维含糖的影响

棉纤维中所含的糖分为内糖和外糖两种。多数研究者认为在纺织加工过程中能产生黏性的那部分糖为外糖(外源物质糖类)，即因受棉蚜排泄物的污染和秋季低温、干旱，以及棉叶蜜腺分泌物的影响而产生的。含糖棉多产于新疆维吾尔自治区，尤其以喀什地区最为严重。含糖棉因黏性在纺纱过程中容易缠绕金属滚筒和罗拉等机件，严重影响纺织生产和成纱条干，因此棉纤维含糖检验显得尤其重要。目前，国内已初步将棉纤维含糖量与可纺性划分如下：

含糖量(%)	可纺性
<0.3	正常
0.3～0.5	有轻度黏性
0.5～0.8	有黏性
>0.8	严重黏性

（二） 棉纤维含糖量的测定

随着含糖棉黏性问题的日益突出，棉纤维科研、生产、销售和加工部门都需要对棉纤维的含糖量进行测定。含糖量的多少常用含糖率表示。它是指附着在棉纤维表面的总糖(包括还原糖、非还原糖)质量占棉纤维试样质量的百分率。目前,测定棉纤维含糖率的主要方法有定量法和比色法两种。

1. 定量法

本方法采用3，5-二羟基甲苯-硫酸溶液作为显色剂,使用分光光度计定量测定棉花的含糖率。它适用于棉纤维所含全糖的定量测定。

(1) 测定原理

在非离子表面活性剂的作用下,使棉纤维上的糖溶于水中,糖在强酸性介质中转化为醛类,与3，5-二羟基甲苯发生显色反应,生成橙黄色化合物,用分光光度计在λ=425 nm处与标准工作曲线比较定量。

(2) 试剂和试剂配置

① 蒸馏水、硫酸(密度为1.84 g/mL)、3，5-二羟基甲苯-硫酸溶液(0.2%，W/W)的配置:称取3，5-二羟基甲苯0.2 g,置于100 mL烧杯中,加入100 g(约54 mL)硫酸,搅拌使之全部溶解,现用现配。

② 脂肪酸烷醇酰胺(0.04%)溶液的配置:称取0.4 g脂肪酸烷醇酰胺,溶于1 000 mL水中,搅拌均匀。量取测定用脂肪酸烷醇酰胺溶液100 mL,溶于700 mL水中,搅拌均匀。

③ 糖标准储备溶液:称取D-果糖0.200 g,用水溶解后,转入100 mL容量瓶中,用水稀释至刻度,浓度为2.0 mg/mL。

④ 糖标准工作溶液:用移液管吸取0.5 mL、1.0 mL、1.5 mL、2.0 mL、2.5 mL、3.0 mL、4.0 mL、5.0 mL糖标准储备溶液,分别注入50 mL容量瓶中,用水稀释至刻度。该糖标准工作溶液系列的浓度分别为0.020 mg/mL、0.040 mg/mL、0.060 mg/mL、0.080 mg/mL、0.10 mg/mL、0.12 mg/mL、0.16 mg/mL、0.20 mg/mL。

(3) 主要仪器及用具

分光光度计(波长为200～800nm),天平(分度值为0.01 g、0.001 g),振荡器(>200次/min),恒温水浴锅,250 mL磨口具塞锥形瓶,1 cm玻璃比色皿,移液管(1mL、2 mL、5 mL)容量瓶(50 mL、100 mL),25 mL比色管。

(4) 试样准备

从实验室样品中随机抽取不少于15 g的试验样品。去除试验样品中粗大杂质,充分混合(或用混样品),从中称取3份作为试样,每份试样重2.0 g±0.1 g。余样备用。

(5) 检测步骤

① 试样溶液的配制:取3份试样,分别置于250 mL锥形瓶中。加入0.005%脂肪酸烷醇酰胺溶液200 mL,在振荡器上振荡10 min。用玻璃棒将棉花翻过后,继续振荡10 min,用定量滤纸过滤,得到3份试料溶液。

② 空白试验:吸取0.04%脂肪酸烷醇酰胺溶液1.0 mL,注于25 mL比色管中。将比色管置于70 ℃恒温水浴锅中,快速加入3，5-二羟基甲苯-硫酸溶液2.0 mL,摇匀;继续置于水浴锅中40 min,取出;加入0.04%脂肪酸烷醇酰胺溶液20 mL,摇匀,冷却至室温,用0.04%脂肪酸烷醇酰胺溶液定容至刻度。将仪器调整好,在425 nm波长处测定溶液的吸光值,记录其读数,保留两位小数。

③ 检测:吸取试样溶液1.0 mL,注于25 mL比色管中。按以上步骤进行,记录其读数。

④ 工作曲线绘制:吸取糖标准工作溶液各1.0 mL,注于25 mL比色管中。按以上步骤进

行，记录其读数。以吸光值为纵坐标，糖标准工作溶液浓度为横坐标，绘制工作曲线。

（6）结果表述

将试样溶液的吸光值减去空白溶液的吸光值，在工作曲线上查出试样溶液的浓度，按下式计算糖的含量：

$$X = \frac{200c}{2 \times 1\,000} \times 100\% \tag{2-5}$$

式中：X——试样含糖率，%；

c——在工作曲线上查得的试样溶液中糖的浓度值，mg/mL；

200——预处理试样时所加的脂肪酸烷醇酰胺溶液体积，mL；

2×1 000——试样质量，mg。

所得结果修约至两位小数。以三次试验结果的算术平均值作为该试样的平均含糖率。

2. 比色法

比色法是一种快速评定棉纤维含糖程度的检测方法。

（1）检测原理

棉纤维所含的糖分子中的醛基（—CHO）、酮基（—R—CO—R′）具有还原性。当含糖的棉花加入蓝色贝纳迪克特试剂加热至沸，溶液中的二价铜离子则还原成一价铜离子，生成络合物和氧化亚铜沉淀，从而呈现各种颜色。由于纤维糖分含量不同，分别显示出蓝、绿、草绿、橙黄、茶红五种颜色。对照标准样卡或孟塞尔色谱色标目测比色，即可定出含糖程度。

（2）仪器或设备

3～4 联并联调温电炉，鸭嘴镊子，药物天平（分度值为 0.01 g），标准比色样卡或孟塞尔色谱色标。

（3）器皿

1 000 mL、250 mL 烧杯各 1 个，150 mL 烧杯 20 个，1 000 mL、50 mL 量筒各 1 个，1 000 mL 容量瓶两个，10 mL 定量加液管 1 支，50 mL 比色管 20 支，比色架 2 个。

（4）试剂

分析纯或化学纯无水碳酸钠（Na_2CO_3），分析纯或化学纯柠檬酸钠（$Na_3C_3H_5O_7 \cdot 2H_2O$），分析纯或化学纯结晶硫酸铜（$CuSO_4 \cdot 5H_2O$）。

贝纳迪克特（简称贝氏）试剂配制如下：

甲液：称取柠檬酸钠 193 g、碳酸钠 100 g，溶于 800 mL 蒸馏水中。

乙液：称取硫酸铜 17.3 g，溶于 100 mL 蒸馏水中。

将上述甲、乙两溶液混合，稀释至 1 000 mL 即为贝氏试剂。配制好的试剂如不用时，应盖好瓶盖，放在常温背阴处保存，以防失效。使用前先摇动若干下，待溶液充分混合后再使用。

（5）试验试样准备

从实验室样品中均匀地抽取至少 32 丛，每丛约 300 mg，构成 8～10 g 的试验样品。去除试验样品中的棉籽、籽屑、叶屑、尘土等杂质，充分混合，抽取 5 个试验试样，每个试样重 1.00 g±0.01 g。余样备用。

（6）检测步骤

空白试验：在 150 mL 烧杯内，加 40 mL 蒸馏水和 10 mL 贝氏试剂，加热煮沸 1～2 min，倒入比色管中作为含糖"无"的标样（此标样须每天配制一次）。

将上述5个试样分别放入150 mL烧杯中，加40 mL蒸馏水、10 mL贝氏试剂，放在3～4联电炉上加热，煮沸1～2 min，并不断搅拌；然后取下，用鸭嘴镊子将试样挤干，取出，把剩下的约30 mL溶液倒入比色管中。

在比色管架后面贴上一张白纸，利用自然光线进行目视比色。

(7) 结果评定

根据溶液呈现的颜色，对照标准样卡或孟塞尔色谱色标与空白试验，分别定出每个试样的含糖程度：

颜　色	含糖程度
蓝	无
蓝绿	微
绿	轻
橙黄	稍多
茶红	多

5个试样的测定结果中，上下两档有2个及2个以上的下档，则定为下档；否则定为上档。

5个试验结果中，最大与最小试验结果超过两档，如无与轻、微与稍多，应增试1～2个试样。若全部试验结果的最下档有2个及2个以上者，则定为最下档，否则定为上一档。

二、原棉中异性纤维检验

（一） 异性纤维的概念

异性纤维是指混入棉花中，对棉花加工、使用和棉花质量有严重影响的软杂物，如化学纤维、丝、麻、毛发、塑料绳、布块或色纤维等。棉花使用中，发现混有异性纤维或色纤维的，可向专业纤维检验机构申请检验。异性纤维在纺纱加工中不易去除，严重影响纱布质量，直接影响纺织厂的经济效益。因此，异性纤维检验十分重要。而且，国家规定：混有异性纤维的棉花不得作为国家储备棉入库。

（二） 异性纤维检测方法

在各环节中，异性纤维检验采用手工挑拣法。目前，对异性纤维含量尚没有量化标准。检验时，对未开包棉花随机抽取5%棉包，逐包开包挑拣异性纤维和色纤维，根据检验结果出具检验证书。如未发现异性纤维，则在检验证书“异性纤维”栏注明“未发现”；如发现混有异性纤维或色纤维，根据数量，做降级处理。混有异性纤维的棉包运到棉纺厂后，在使用前必须由挡车工逐包将异性纤维挑拣出来。

【思考题】

1. 我国棉花标准规定细绒棉如何评级？
2. 我国细绒棉手扯长度是怎样规定的？
3. 棉纤维马克隆值对棉纤维可纺性有何影响？
4. 为何在棉花商业贸易时要检查棉纤维回潮率和含杂率？

5. 什么是异性纤维？它对纺纱有何危害？

6. 我国细绒棉标准品级和手扯长度分别是多少？

子项目二　棉纤维可纺性能检验

棉纤维的可纺性能检验主要是利用某些仪器，对棉纤维长度、细度、成熟度和强伸度等物理机械性能进行检验，以便充分掌握棉纤维的可纺性能，合理利用棉纤维，提高成纱质量。

任务一　试验棉条的制备

一、任务目标

掌握棉纤维试验棉条制备的目的，学会用纤维引伸器制作试验棉条。

二、知识准备

为了方便棉纤维各项可纺性能检测，在棉纤维可纺性能检测前必须进行试样准备，即采用纤维引伸器将棉纤维试样制成纤维平直、光洁均匀的试验棉条或棉层。

三、任务实施

（一） 试验仪器调整

试验前，调整纤维引伸器弹簧施于给棉罗拉的压力为 11.8 N，输出罗拉的压力为 19.6 N。

纤维引伸器的给棉罗拉至输出罗拉的隔距，根据皮棉的手扯长度，按表 2-6 的规定调整。

表 2-6　罗拉隔距的调节

手扯长度(mm)	27 及以下	29～31	33 及以上
罗拉隔距(mm)	手扯长度+6	手扯长度+8	手扯长度+10

（二） 试验棉条制作方法

将 2～2.5 g 的试验样品撕松混匀，并清除较大杂质，然后分成两等份，分别通过纤维引伸器不少于五次，制成两根棉条。然后将每根棉条横向分为两个半根，丢弃每根的一半，把其余两个半根合并成一根棉条，再通过纤维引伸器不少于五次。同时，每次用镊子轻轻拣出杂质和疵点，注意避免带出纤维，能松开的索丝要进行松解，再通过纤维引伸器五次，最后制成一根纤维平直光洁的试验棉条。每次喂入棉条引伸时，应注意调换棉条前进的方向。图 2-9 所示为试验棉条的制备过程。

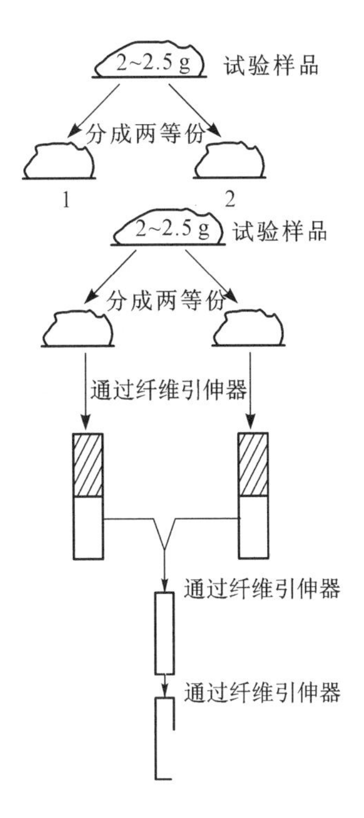

图2-9　试验棉条的制备过程

四、任务评价

在教师的指导下，学生利用纤维引伸器将原棉试样制成试验棉条，以小组为单位，对制得的试验棉条进行互评，最后由教师点评，给出完成本任务的成绩。

任务二　棉纤维长度检测

一、任务目标

掌握棉纤维长度对可纺性能的影响，学会用罗拉式纤维长度分析仪测试棉纤维长度，并能对测试数据进行计算和处理。

二、知识准备

长度是棉纤维最重要的可纺性能之一。由于棉纤维长度存在不均一性，因此不仅要检测棉纤维的长度，而且还须测定长度整齐度和短绒率等长度指标。一般，棉纤维长度越长、长度越整齐、短绒率越低时，成纱强力和条干均匀度都越高，即可纺性越好。棉纤维长度检测常采用罗拉法，即利用罗拉式纤维长度分析仪，将一定质量、一端排列整齐的棉纤维束，按 2 mm 组距等距分组称重，获得棉纤维长度质量分布数据，从而求出各项长度指标。

三、任务实施

（一） 罗拉法检测棉纤维长度

1. 试验仪器

Y111 型罗拉式长度分析器(图 2-10)，一号夹子、二号夹子，限制器绒板和天平。

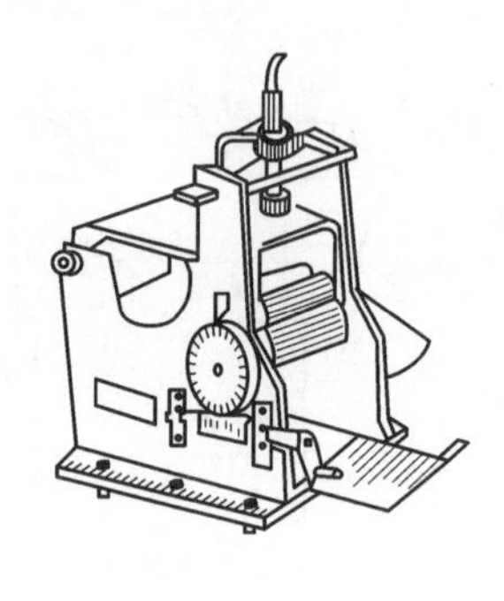

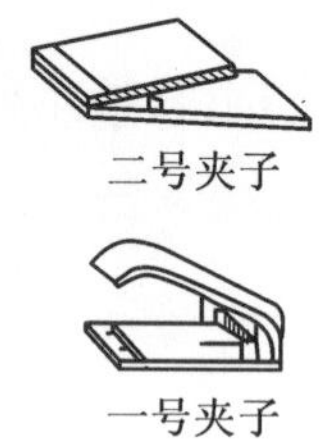

图 2-10 Y111 型罗拉式长度分析器

2. 检测方法和步骤

(1) 取样和整理棉束

从试样棉条中取出 30～35 mg 纤维，用手扯成一端平齐的小棉束，再用一号夹子 1 将纤维整齐地排列在限制器绒板 2 上(见图 2-11)，做成纤维伸直平行、宽度一定(32 mm)、长纤维在下、短纤维在上、厚薄均匀的小棉束。

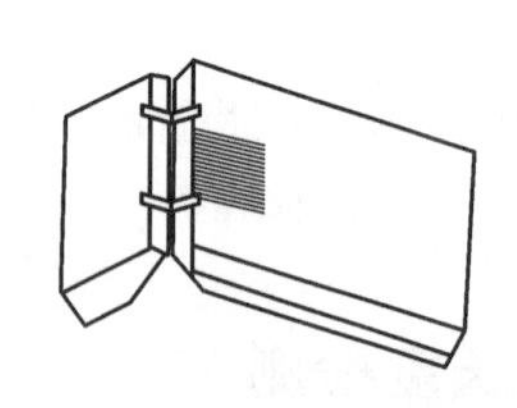

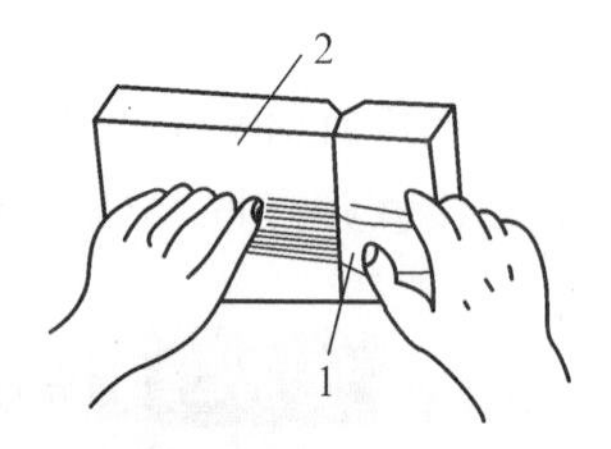

图 2-11 限制器绒板和小棉束的制作

1—一号夹子；2—限制器绒板

(2) 仪器调整

调整桃形偏心盘与溜板芯子，使棉束整齐端与溜板开始接触时涡轮指针指在 16 刻度值上；再摇动手柄，使蜗轮上的指针指在蜗轮的第 9 刻度值上。

(3) 移放棉束

用一号夹子夹住棉束整齐的一端，放入罗拉式纤维长度分析器的罗拉钳口之间。这时，棉束整齐端 AB 与金属罗拉外表面相切(图 2-12)。

金属罗拉的周长为 60 mm，所以棉束整齐端离罗拉握持线 *CD* 的距离为罗拉半径(60/2π≈9. 55 mm)。棉束放好后，用弹

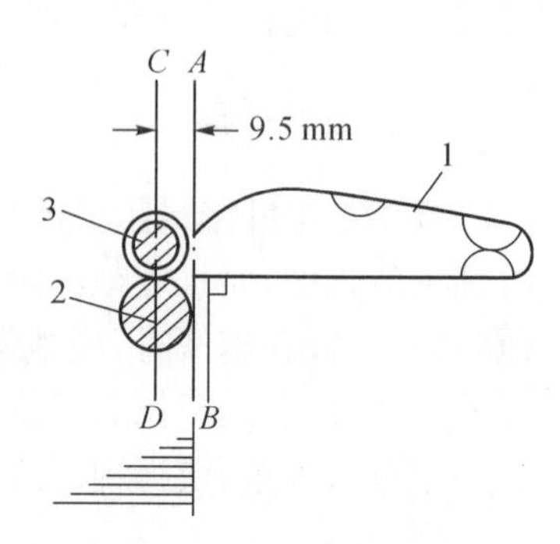

图 2-12 小棉束的放置

簧加压握持。

(4) 分组夹取和称重

转动手柄，使金属罗拉回转，逐步送出棉束。用二号夹子分数次(第一次手柄转一转，以后每次手柄转两转，金属罗拉转过 2 mm，棉束送出 2 mm)夹取纤维，得到长度依次相距 2 mm、由短到长的各组纤维小束。然后在扭力天平上分别称得质量(单位为 mg)，并记录，用于计算各项长度指标。

表 2-7 中的具体数据为某批海门其林 329 原棉的长度检验结果。

表 2-7　海门其林 329 原棉的长度检验结果

蜗轮上的刻度值	各组长度范围(mm)	各组平均长度 L(mm)	各组纤维称得质量 g_L(mg)	各组纤维真实质量 g_L(mg)	$i\times g_{n+i}$
—	—	7.5	—	0.962	—
10	8.5～10.5	9.5	2.6	1.418	—
12	10.5～12.5	11.5	0.6	1.014	—
14	12.5～14.5	13.5	0.8	0.766	—
16	14.5～16.5	15.5	0.8	0.837	—
18	16.5～18.5	17.5	0.9	0.920	—
20	18.5～20.5	19.5	1.0	1.205	—
22	20.5～22.5	21.5	1.6	1.572	—
24	22.5～24.5	23.5	1.8	2.247	—
26	24.5～26.5	25.5	3.1	3.545	—
28	26.5～28.5	27.5	4.9	5.186	—
30	28.5～30.5	29.5	6.5	6.006	—
32	30.5～32.5	31.5	5.9	4.596	$X_2=9.192$
34	32.5～34.5	33.5	2.1	2.302	$X_4=9.208$
36	34.5～36.5	35.5	0.9	0.771	$X_6=4.626$
38	36.5～38.5	37.5	—	0.153	$X_8=1.224$
40	38.5～40.5	39.5	—	—	—
42	40.5～42.5	41.5	—	—	—
总　和			33.5	33.5	24.25

(5) 结果计算

通过长度检验得到原始数据后，还必须加以整理和计算，得出几个长度指标。棉纤维长度指标包括表示纤维长短的主体长度和品质长度，表示纤维长度整齐程度的基数和均匀度，以及表示短绒含量的短绒率。下面以海门其林 329 原棉为例，计算其各项长度指标。

① 真实质量：根据实际测定称得的每组纤维中，真正符合这一组长度范围的纤维只占 46%，而前一组中有 17%的纤维，下一组中有 37%的纤维，它们的长度也在这组长度范围内。所以各组纤维的真实质量需用下式计算：

$$g_L = 0.17\, g_{L-2} + 0.46 g_L + 0.37 g_{L+2} \tag{2-6}$$

式中：g_L——长度为 L(mm)组纤维的真实质量，mg；

g_L——长度为 L(mm)组纤维的称得质量，mg；

g_{L-2}——长度为($L-2$)mm 组纤维的称得质量，mg；

g_{L+2}——长度为($L+2$)mm 组纤维的称得质量，mg。

上述海门其林 329 原棉的各组纤维的真实质量计算举例如下：

$$G_{7.5} = 0 + 0 + 0.37 \times 2.6 = 0.962 \text{ mg}$$

$$G_{9.5} = 0 + 0.46 \times 2.6 + 0.37 \times 0.6 = 1.418 \text{ mg}$$

$$G_{11.5} = 0.17 \times 2.6 + 0.46 \times 0.6 + 0.37 \times 0.8 = 1.014 \text{ mg}$$

以下各组按同法计算，将计算结果填入表 2-7 的"各组纤维真实质量"栏。

② 主体长度：纤维长度－质量分布直方图(图 2-13)中，质量最重的长度称为(质量)主体长度。手扯长度接近于主体长度。主体长度的计算式如下：

$$L_m = (L_n - 1) + \frac{2(G_n - G_{n-1})}{(G_n - G_{n-1}) + (G_n - G_{n+1})} \tag{2-7}$$

式中：L_m——纤维的主体长度，mm；

L_n——质量最重一组的平均长度，mm；

G_n——质量最重一组的质量，mg；

G_{n-2}——长度为($n-2$)一组的质量，mg；

G_{n+2}——长度为($n+2$)一组的质量，mg。

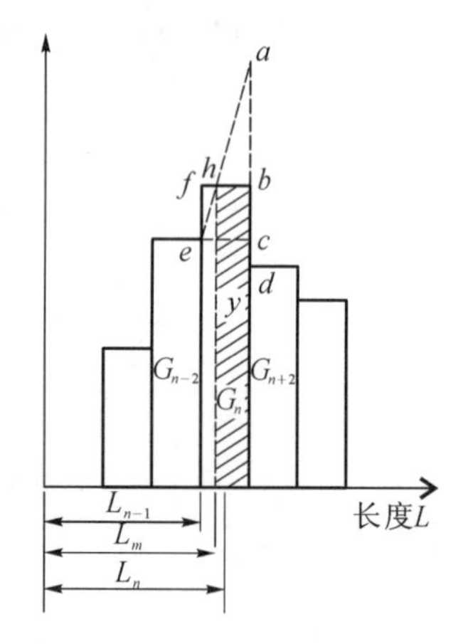

图 2-13　纤维长度-质量分布直方图

海门其林 329 原棉的主体长度计算如下：

$L_m = 29.5$ mm；$G_n = 6.006$ mg；$G_{n-2} = 5.186$ mg；$G_{n+2} = 4.596$ mg

则主体长度 $L_m = (29.5 - 1) + \dfrac{2 \times (6.006 - 5.186)}{(6.006 - 5.186) + (6.006 - 4.596)} = 29.2(\text{mm})$

主体长度计算式的来源如下：

以纤维长度为横坐标，以各组上限长度和下限长度所对应的各组质量为纵坐标，得出棉纤维长度-质量分布的直方图(图 2-13 中的实线)。因为此处按 2 mm 分组，所以上限长度－下限长度＝2 mm。如果分组范围变小，直方图就趋于平滑曲线。根据主体长度的定义，它应是曲线最高点处的纤维长度。在直方图中，主体长度在最重一组的长度范围内，并偏向上、下两组中质量较重的一组。见图 2-13，在最重一组中将 bd 延长到 a，使 $ab=bd$，连接 ae 相交 bf 于 h，则 h 点的横坐标即为主体长度。

③ 品质长度：又称右半部平均长度或主体以上平均长度，是纤维长度大于主体长度的质量加权平均长度。其计算式如下：

$$L_p = L_n + \frac{\sum i G_{n+1}}{Y + \sum G_{n+1}} \tag{2-8}$$

式中：L_p——品质长度，mm；

L_n——质量最重一组的平均长度，mm；

Y——质量最重一组内长度超过主体长度乙的这一组部分纤维质量(mg)，其计算式为“$y=[(L_n+1)-L_m]\times G_n/2$”；

$\sum g_{n+i}=G_{n+2}+G_{n+4}+G_{n+6}+\cdots$，即比质量最重一组长(不包括质量最重一组)的各组纤维质量之和，mg；

$\sum ig_{n+i}=2G_{n+2}+4G_{n+4}+6G_{n+6}+\cdots$，即比质量最重一组长的各组质量与各组相对应值的乘积之和。

海门其林 329 原棉的品质长度计算如下：

由表 2-7 得知：$L_n=29.5$ mm，$g_n=6.006$ mg。前文已求得 $L_m=29.2$ mm。则：

$$y=[(L_n+1)-L_m]\times G_n/2=[(29.5+1)-29.2]\times 6.006/2=3.904(\text{mg})$$

$$\sum G_{n+i}=4.596+2.302+0.771+0.153=7.822(\text{mg})$$

$$\sum ig_{n+i}=2\times 4.596+4\times 2.302+6\times 0.771+8\times 0.153=24.25$$

$$L_p=L_n+\frac{\sum iG_{n+1}}{Y+\sum G_{n+1}}=29.5+\frac{24.25}{3.904+7.822}=31.6(\text{mm})$$

④ 短绒率：长度等于和短于 15.5 mm(细绒棉)或 19.5 mm(长绒棉)的短纤维质量占纤维总质量的百分率，称为短绒率。用 P 表示，计算如下：

$$P=\frac{\sum g_p}{\sum g_i}\times 100\% \tag{2-9}$$

式中：$\sum g_p$——短于 15.5 mm(细绒棉)或 19.5 mm(长绒棉)的短纤维质量之和，mg；

$\sum g_i$——棉纤维试样总质量，mg。

上例中棉纤维短绒率＝(0.962＋1.418＋1.014＋0.766＋0.837)×100/33.5

＝4.997×100/33.5＝14.9％

⑤ 长度标准差与变异系数：

$$\sigma=\sqrt{\frac{\sum_{j=1}^{k}(L_j-L)^2\times G_j}{\sum_{j=1}^{k}G_j}} \tag{2-10}$$

$$CV=\frac{\sigma}{L}\times 100\% \tag{2-11}$$

式中：σ——长度标准差，mm；

CV——长度变异系数，％。

各项长度指标的计算结果按数值修约规则修约至一位小数，长度标准差按数值修约规则修约至两位小数。

（二） 光电法检测棉纤维长度

Y146 型纤维光电长度仪为不分组测定仪器，是吸取了国外照影仪快速测定的特点，运用我国自己创建的测定理论和实践经验而研制的，是一种快速、稳定、准确、价廉的棉纤维长度检验仪器。Y146 型棉纤维光电长度仪测定法，也是国家标准规定的棉纤维长度试验方法。

1. 检测原理

Y146 型棉纤维光电长度仪是根据透过纤维束的光亮度与纤维束截面积成负相关的特点，用特制的梳子沿棉纤维长度方向随机地抓取纤维，制成一个均匀的随机分布的试验须丛；然后用一固定光源对棉纤维试验须丛从根部到顶部做光电扫描，以透过须丛的光强度作为伸出梳子不同距离处纤维根数的量度，从而求得光电长度。光电长度相当于手扯长度，因而可作为快速校正手扯长度的依据。

2. 仪器结构

该仪器主要由光源、光路、电路和梳子升降架等组成，光路电路如图 2-14 所示。梳子和纤维试验须丛，由手轮借螺母与螺杆的转动而上下移动。螺母上装有指示长度测定结果的读数刻度表盘。

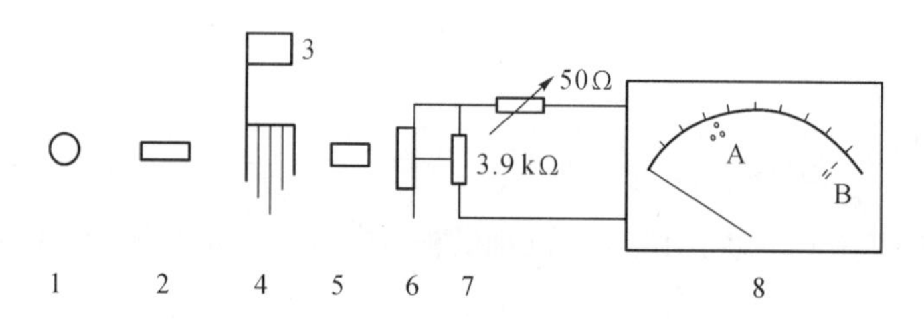

图 2-14　Y146 型纤维光电长度仪光路电路图

1—光源；2—上导光板；3—梳子；4—纤维；5—下导光板；
6—硒光电池；7—电位器；8—电表

检测时，梳子起始位置在 6.3 mm 处。梳子位于起始位置时，纤维数量适当，此时电表指针指在 36 μA 处，梳子终点位置时的电表指在 90 μA 处。

但是，要使梳取到的棉纤维数量恰好在电表上的读数为 36 μA 比较困难，因此，实际工作中梳子上纤维数量控制在电表读数为 32.6～40 μA。与此对应，梳子终点位置也具有一定范围。通过大量试验数据分析发现，在梳子起点与终点区间内，梳子移动距离 y 与手扯长度 L 具有下列关系：

$$y = 0.7932L - 0.4507$$

纤维光电长度仪表盘上的长度读数就是按上式标定的。另外，为了便于操作，该仪器的电表上用红、绿、蓝三色品字形标记表示了起点和终点时对纤维数量的要求。

3. 仪器调整

（1）零点调整

检查电表的机械零点是否准确。如有偏离，用螺丝刀调节电表下部的调零螺丝，使电表指针指在零刻度上。接通电源，试验前将仪器预热 20 min 以上，使仪器达到稳定状态。

（2）满度调整

调节仪器面板右侧的调满旋钮，将电表指针调到 100 μA 处。

光电流校验：用校验板检验光照的电流读数，检查仪器工作状态是否正常。如果光电流示值与校正板定值相差 1 μA 以上，则调整 50 Ω 电位器或更换硒光电池。

（3）起始位置调整

转动手轮使长度刻度盘上的起始红线与红色指针重合，此时梳子根部至下导光板边缘的距离为 6.3 mm。如有差异，应调节长度刻度盘的定位点，借以调整起点位置。

（4）标准棉样校验

每天试验前用长度标准棉样或长度校准棉样试验一次。试验结果应在其标定值的允许差异范围内。如果超过上述差异范围，则应调整仪器的长度调节电位器。

4. 试样准备

从实验室样品中随机抽取 5 g 左右的试验样品，充分混匀后，扯成棉条状。然后顺序取出正好够一次测试用的棉纤维，稍加整理形成束状，去除紧棉束和杂质，但不宜把纤维过分拉直。一手握持一把梳子，梳针向上；另一手握持稍加整理后的纤维束，握力适中。将全部棉纤维平直、均匀、一层一层地梳挂在梳子上，不得丢掉纤维。一手持挂有试验须丛的梳子，梳针向下；另一手握持另一把梳子，梳针向上，进行对梳。然后两手交换梳子反复进行梳理。梳理时，必须从须丛的稍部到根部，逐渐深入，平行梳理，并且要循序渐进，用力适当，以免拉断纤维，直至两把梳子上梳挂的纤维数量大致相等。

将准备好的试验试样放入 45～50 ℃烘箱中进行预调湿处理 0.5 h，若样品的回潮率低于标准平衡回潮率时，可不进行预调湿。经过预调湿，试验试样再在温度为 20 ℃±2 ℃，相对湿度为 65%±3%的条件下调湿 2 h 以上，然后在标准温湿度下进行测定。

5. 测定步骤

① 翻上日光灯架，将两把挂有梳理后纤维的梳子，按左右标志分别安放在梳架上。用小毛刷比较轻松地自上而下分别将两把梳子上的试验须丛压平、刷直，并刷去纤维稍部明显的游离纤维，刷 2～3 次（小毛刷上的纤维应随时清除干净，以备下一次试验用）。

② 翻下日光灯架（日光灯架每次必须放到底，以保证电流一致），此时电表指针应指在表盘左边的“品”字形区域的某处，并要记住该处位置。如果指在区域之外，即表明纤维数量过多或过少，应取下梳子，去掉纤维，重新按上述方法梳取试样，以保证结果准确。

③ 向左转动手轮，使试验试样逐渐上升，通过光路的试验须丛由厚逐渐变薄，电表指针随之向右偏转，当指针指在表盘右边的“品”字形区域的相应位置时，停止转动手轮。此时即可以从长度刻度盘上直接读出该试验试样的光电长度，单位为毫米（mm）。

④ 翻上日光灯架，取下梳子，随即再翻下日光灯架（以保证硒光电池始终工作在稳定状态），然后向右转动手轮，降下梳架，使长度刻度盘上的起始红线与红色指针重合。

每份棉条状试验样品制作三个试验试样，测定三次。三次试验结果的差值应符合本方法精密度的规定。

以三次试验结果的算术平均值作为该棉样的光电长度值，并精确至一位小数。

四、任务评价

在教师的指导下，学生用罗拉法对原棉试样进行长度检测，计算棉纤维各项长度指标，并填写检测报告单；然后以小组为单位，对检测报告单进行互评，最后由教师点评，给出完成本任务的成绩。

Y111 型罗拉式长度分析仪检测报告单

检测品号________________　　　　检测人员(小组)________________

检测日期________________　　　　温　湿　度________________

分组顺序数 j	蜗轮刻度	各组纤维的长度范围(mm)	各组纤维的平均长度(mm)	各组纤维的称得质量(mg)	各组纤维的真实质量(mg)	计算结果
1	—	低于 8.50	7.5			主体长度(mm)
2	10	8.50～10.49	9.5			
3	12	10.5～12.49	11.5			
4	14	12.5～14.49	13.5			
5	16	14.5～16.49	15.5			品质长度(mm)
6	18	16.5～18.49	17.5			
7	20	18.5～20.49	19.5			平均长度(mm)
8	22	20.5～22.49	21.5			
9	24	22.5～24.49	23.5			短绒率(%)
10	26	24.5～26.49	25.5			
11	28	26.5～28.49	27.5			标准差(mm)
12	30	28.5～30.49	29.5			
13	32	30.5～32.49	31.5			
14	34	32.5～34.49	33.5			
15	36	34.5～36.49	35.5			变异系数 *CV*%
16	38	36.5～38.49	37.5			
17	40	38.5～40.49	39.5			
18	42	40.5～42.49	41.5			
合计						

任务三　棉纤维细度检测

一、任务目标

掌握棉纤维细度对可纺性能的影响，学会用中段切断称重法测试棉纤维细度，并能对测试数据进行计算和处理。

二、知识准备

棉纤维的细度常用间接指标线密度和公制支数表示。线密度是指 1 000 m 长的纤维(或纱线)的公定质量克数,单位为特克斯(tex)。特克斯的千分之一、十分之一和一千倍,分别称为毫特(mtex)、分特(dtex)和千特(ktex)。公制支数则是指在公定回潮率下每毫克棉纤维所具有的长度毫米数。线密度越小,公制支数就越大,棉纤维的细度越细。在正常成熟情况下,棉纤维细度细,有利于成纱强力和条干均匀度。如果由于成熟度不良而造成的纤维细度细,如未成熟纤维、死纤维等,则对成纱品质有害,成纱强力低、棉结多。

我国棉纤维细度检验多采用中段切断称重法。本方法适用于试验室测定棉纤维的线密度、公制支数,以及每毫克纤维根数。

三、任务实施

1. 检测原理

切取一束定长的一段纤维,称出质量,计数其根数,从而计算出棉纤维线密度或公制支数。

2. 检测器具

10 mm 中段切断器(精确度为 10 mm±0.1 mm),显微镜或投影仪(放大倍数 150～200 倍),扭力天平(最大称量 10 mg,分度值 0.02 mg),以及其他工具,如烘箱、计数器、限制器绒板、稀梳(10 针/cm)、密梳(20 针/cm)、一号夹子、压板、镊子、50 mm 纤维尺和载玻片等。

3. 试样准备

从试验棉条中取出一定数量的棉纤维作为试验试样。试验试样质量根据纤维的长短粗细决定,一般为 8～10 mg,以保持中段根数为 1 500～2 000 根。

4. 调湿和试验用标准温湿度

试验试样应放入 45～50 ℃烘箱中进行预调湿处理,时间为 0.5 h。若试验试样的回潮率低于标准平衡回潮率,可不进行预调湿。

将预调湿后的试验试样置于温度为 20 ℃±2 ℃、相对湿度为 65%±3%的条件下调湿,时间不少于 2 h。

试验应在温度为 20 ℃±2 ℃、相对湿度为 65%±3%的条件下进行。

5. 检测步骤

首先整理棉束,将试验样品用手扯整理几遍,使纤维成为比较平直的棉束,然后握住棉束整齐一端,用一号夹子从棉束尖端分层夹取纤维,依次将全部纤维移置于限制器绒板上,并反复移置两次,使纤维平行伸直成一端整齐的棉束,宽 5～6 mm。

(1) 梳理

将上述整理好的棉束,从限制器绒板上夹起,然后用一号夹子夹住棉束整齐一端 5～6 mm处,先用稀梳后用密梳,从棉束尖端开始,逐步靠近夹持线进行梳理,梳去棉束中的游离纤维。然后将棉束移置于另一夹子上,使整齐一端露出于夹子外。根据棉花的类别不同,细绒棉梳去露出夹子以外的 16 mm 及以下的短纤维,长绒棉梳去露出夹子以外的 20 mm 及以下的短纤维。梳理方法如前所述。

(2) 切断

将中段切断器夹板抬起,使上下夹板分开,然后将梳理好的棉束平放在中段切断器上下夹板中间,且与切刀垂直。细绒棉的棉束整齐端露出夹板外 5 mm;长绒棉的棉束整齐端露出夹板外 7 mm。棉束平放于下夹板上时,双手握持棉束两端,使纤维平行伸直,所受张力均匀,然后合上夹板,切断全部纤维。

（3）称重

称重以前，将切断的全部纤维进行调湿处理。然后用扭力天平称取棉束中段质量，精确至 0.02 mg。

（4）制片

夹持中段棉束的一端，然后用镊子从另一端每次夹出若干根纤维，依次移置于涂有薄层甘油或水的载玻片上，纤维排列要均匀，一端要紧靠载玻片边缘。一块载玻片上可排两行，排完后用另一片载玻片盖上。

（5）计数根数

将排好纤维的载玻片放在 150～200 倍显微镜或投影仪下计数，记下每片的纤维根数。也可不经过制片，直接目测计算中段棉束的纤维根数。

6. 结果计算

$$N_t = \frac{G_c}{L \times n} \times 10^3 \quad (2-12)$$

$$N_m = L \times n / G_c \quad (2-13)$$

$$M = n / (G_c + G_t) \quad (2-14)$$

式中：N_t——棉纤维线密度，tex；

N_m——棉纤维公制支数，公支；

M——每毫克棉纤维的根数，根/mg；

G_c——中段纤维质量，mg；

G_t——两端纤维质量，mg；

L——切断纤维长度，$L = 10$ mm；

N——纤维根数，根。

四、任务评价

在教师的指导下，学生用纤维中段切断器等仪器和用具对原棉试样进行细度检测，计算棉纤维各项细度指标，并填写检测报告单；以小组为单位，对检测结果进行互评；最后由教师点评，给出完成本任务的成绩。

中段法棉纤维细度检测报告单

检测品号____________　　检测人员（小组）____________

检测日期____________　　温　湿　度____________

中段切断长度(mm)	中段质量(mg)	两端质量(mg)	中段纤维根数(根)
线密度(tex)			
公制支数(公支)			
每毫克纤维根数(根/mg)			

任务四 棉纤维成熟度检测

一、任务目标

掌握棉纤维成熟度对可纺性能的影响，学会用中腔胞壁对比法测试棉纤维成熟度，并能对测试数据进行计算和处理。

二、知识准备

棉纤维中纤维素充满和胞壁加厚的程度称为棉纤维成熟度，表示棉纤维成熟度常用成熟度系数表示。棉纤维的成熟度与棉纤维各项物理性能的关系很大。成熟度差的棉纤维细度较细，强力较低，弹性较差，加工中经不起打击，容易纠缠成棉结，加上染色性能差，对织物外观有影响。成熟度正常的棉纤维天然转曲多，抱合力大，成纱强力也大。未成熟和过成熟的棉纤维则天然转曲少，抱合力小，过成熟纤维还偏粗，这些都不利于成纱强力。正因为成熟度与纤维各项物理性能的关系很大，所以可把它看成棉纤维内在质量的一个综合指标。成熟度系数范围为 0.00～5.00，成熟度系数小于 0.75 的称为未成熟纤维，正常成熟的细绒棉的平均成熟系数一般为 1.5～2.0。成熟度检验目前常用的主要有两种方法，即中腔胞壁对比法和偏振光法。

三、任务实施

（一） 中腔胞壁对比法检测棉纤维成熟度

在显微镜下观察棉纤维纵面形态（图 2-15），成熟好的棉纤维，胞壁厚而中腔宽度小；成熟差的棉纤维，胞壁薄而中腔宽度大。因此，可根据棉纤维中腔宽度与胞壁厚度的比值来测定成熟系数。

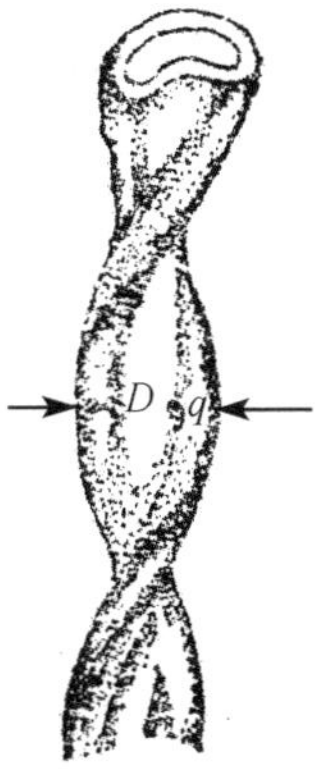

图 2-15 棉纤维的腔宽与壁厚

1. 检测器具

生物显微镜、挑针、镊子、50 mm 纤维尺、稀梳（10 针/cm）、密梳（20 针/cm）、黑绒板、载玻片和盖玻片、胶水等。

2. 检测步骤

（1） 整理棉束

从试验棉条中取出重 4～6 mg 的样品，用手扯法加以整理，以形成一端整齐的小棉束。先用稀梳，后用密梳，从棉条整齐一端按表 2-8 梳去短纤维。用手指捏住整齐一端纤维，梳理另一端，舍弃棉束两旁纤维，留下中间部分 180～220 根棉纤维。

表 2-8 梳去短纤维的长度

棉花类别	细绒棉	长绒棉
梳去短纤维长度(mm)	16 及以下	20 及以下

（2） 制片

用绸布将载玻片擦拭干净，放在黑绒板上，在载玻片边缘上粘一些胶水，左手捏住棉束整齐一端，右手以夹子从棉束另一端夹取数根纤维，均匀地排列在载玻片上，连续排列直至排完为止。待胶水干后，用挑针把纤维整理平直，并用胶水粘牢纤维另一端，然后轻轻地在纤维上面放置盖玻片。

（3）观察读数

用 400 倍显微镜沿载玻片纤维中部逐根观察。根据表 2-9 和图 2-16 所示的腔宽壁厚比值确定棉纤维成熟系数。

表 2-9　腔宽壁厚比值与成熟系数对照表

成熟度系数	0.00	0.25	0.50	0.75	1.00	1.25	1.50	1.75	2.00
腔宽壁厚比值	30～22	21～13	12～9	8～6	5	4	3	2.5	2
成熟度系数	2.25	2.50	2.75	3.00	3.25	3.50	3.75	4.00	5.00
腔宽壁厚比值	1.5	1	0.75	8～6	0.5	0.33	0.2	0	不可察觉

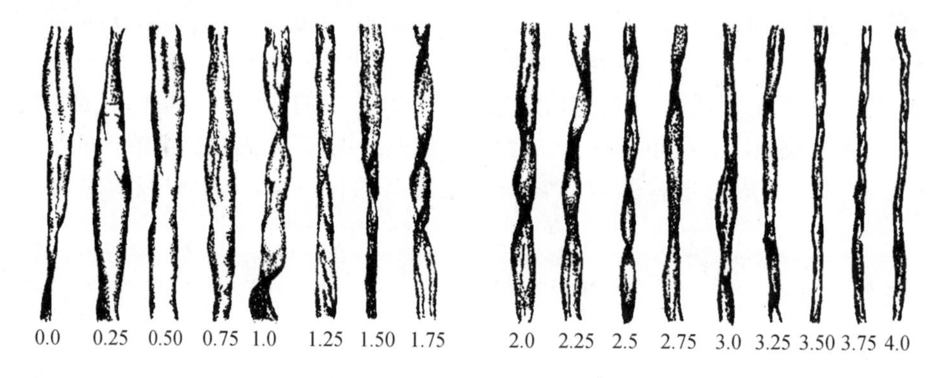

图 2-16　各种成熟系数的棉纤维形态

3. 结果计算

$$M=\frac{\sum M_i n_i}{\sum n_i} \tag{2-15}$$

$$P=\frac{N_j}{\sum n_i}\times 100\% \tag{2-16}$$

式中：M——平均成熟系数；

P——未成熟纤维百分率，%；

M_i——第 i 组纤维的成熟系数；

N_i——第 i 组纤维的根数；

N_j——成熟度小于 0.75 的棉纤维根数之和。

（二） 偏振光法检测棉纤维成熟度

根据棉纤维的双折射性能，应用光电方法测量偏振光透过棉纤维和检偏振片后的光强度。这个光强度与棉纤维的成熟系数、成熟度比、成熟纤维百分率均呈正相关。因而，通过一定的数学模型转化，可求得棉纤维的成熟系数、成熟度比、成熟纤维百分率。

成熟度比是指纤维胞壁增厚度对任意选定的等于 0.577 的标准增厚度之比。成熟纤维百分率是样品中成熟纤维根数占纤维总根数的平均百分数。

1. 检测器具

棉纤维偏光成熟度仪(技术条件见表 2-10)。

表 2-10 偏光成熟度仪技术条件

项 目	技术条件
起、检偏振片正交后的透光度(电表读数 1 μA 或显示数)	<8
试样校正片的允许误差(成熟系数)	≤0.03
载玻片上纤维数量(电表读数或显示数)	60±5

试样校正片、灯泡校正片、校正偏振片、中心线校正片。

附件:50 mm 纤维尺、稀梳(10 针/cm)、密梳(20 针/cm)、一号夹子、压板、剪刀、限制器绒板、黑绒板、镊子、剪子、载玻片、小夹子等。

2. 试样准备

(1) 整理棉束

从制备好的试验棉条或棉束中随机取 32 小束,组成质量约 25 mg 的棉样,用手扯法整理成棉束。用梳子梳去纤维束中的游离纤维,用一号夹子夹持在纤维束整齐一端处,梳去16 mm(细绒棉)或 20 mm(长绒棉)及以下的短纤维。最后将棉束分成五个小棉束(两个备用)。

(2) 制片

将整理好的纤维束放在距载玻片纵向一端 5 mm 的位置上,要求纤维平直均匀,纤维束宽 25～32 mm,纤维轴向与载玻片长度方向垂直,盖上盖玻片,用小夹子夹紧,剪去露出在载玻片两侧的纤维。

3. 仪器调整

(1) 零点调整

首先检查电表的机械零点是否准确。如有偏离,用螺丝刀调整电表的调零螺丝,使电表的指针指在“零”位。开启电源,预热 20～60 min,使仪器达到稳定状态。

(2) 调整满度

将夹有空白载玻片的试样夹子插入试样插口中,将衰减片推入光路,调节仪器面板右侧的旋钮,将电表指针或显示器调到 100。

检查起、检偏振片正交后的透光度,将起偏振片推入光路,此时电表或显示器显示数应小于“8”。

(3) 试样校正

用仪器上附带的试样校正片(三片)校验仪器,试验结果应在标定值允许误差内,即成熟系数差异不超过 0.03。如超过允许误差,应调整衰减片或灯丝角度。

4. 检测步骤

(1) 调整满度

将夹有空白载玻片的夹子插入试样插口中,将衰减片推入光路,调节旋钮使电表指针或显示器置于“100”。

(2) 测定试验试样的纤维数量

拔去夹有空白载玻片的试样夹子,插入夹有试验试样的夹子,此时电表指针指示或显示出该试样的纤维数量，示值应在55～65范围内。

（3）测定试验试样的透射光强度

将起偏振片推入光路，此时电表指针指示或显示出偏振光透过试样和检偏振片的光强度。

（4）试验次数

每份样品制备三片试样，各测试一次。

根据以上求得的纤维数量和透过检偏振片的光强度，用专用计算尺计算或直接由数码管显示出成熟系数、成熟度比、成熟纤维百分率等指标。

5. 结果计算

以三次测定值求取算术平均值。若三次测试值极差超过精密度的规定，则加试两次，剔除异常值后算术平均值作为该样品的试验结果。成熟系数修约至两位小数，成熟度比修约至三位小数，成熟纤维百分率修约至一位小数。

四、任务评价

在教师的指导下，学生利用显微镜观察20根棉纤维的纵向形态，检测出原棉试样的成熟度系数，计算未成熟棉纤维百分率，并填写检测报告单；以小组为单位，对检测结果进行互评；最后由教师点评，给出完成本任务的成绩。

中腔胞壁对比法棉纤维成熟度检测报告单

检测品号________　　检测人员（小组）________

检测日期________　　温　湿　度________

<table>
<tr><th>序号</th><th>成熟度系数</th><th>序号</th><th>成熟度系数</th><th colspan="2">计算结果</th></tr>
<tr><td>1</td><td></td><td>11</td><td></td><td rowspan="5">平均成熟度系数</td><td rowspan="5"></td></tr>
<tr><td>2</td><td></td><td>12</td><td></td></tr>
<tr><td>3</td><td></td><td>13</td><td></td></tr>
<tr><td>4</td><td></td><td>14</td><td></td></tr>
<tr><td>5</td><td></td><td>15</td><td></td></tr>
<tr><td>6</td><td></td><td>16</td><td></td><td rowspan="5">未成熟纤维
百分率(%)</td><td rowspan="5"></td></tr>
<tr><td>7</td><td></td><td>17</td><td></td></tr>
<tr><td>8</td><td></td><td>18</td><td></td></tr>
<tr><td>9</td><td></td><td>19</td><td></td></tr>
<tr><td>10</td><td></td><td>20</td><td></td></tr>
</table>

任务五 棉纤维断裂强力检测

一、任务目标

掌握棉纤维强力对可纺性能的影响，学会检测棉纤维束的断裂强力，并能计算单纤维断裂强力和断裂长度。

二、知识准备

棉纤维断裂强力是指拉断棉纤维所需的力，单位为厘牛（cN）。在其他条件相同时，棉纤维的强力越大，在纺纱加工过程中不易损伤，其成纱的强度也越高。由于棉纤维的细度会影响纤维的强力，为了比较不同粗细纤维的断裂强力，常采用断裂长度指标。断裂长度是棉纤维本身质量与其拉伸强力相等时的计算长度，以千米（km）为单位，算式如下：

$$L_p = P/g \times N_m \tag{2-17}$$

式中：L_p——棉纤维断裂长度，km；

P——棉纤维断裂强力，N；

g——重力加速度，9.8 m/s^2；

N_m——棉纤维公制支数，公支。

细绒棉的断裂长度约为 20～30 km，长绒棉再长些。

棉纤维单纤维断裂强力为 3～5 cN，吸湿后强力增加 2%～10%。由于棉纤维的单纤维强力较低，目前，我国棉纤维强力检验大多采用 Y162 型束纤维强力机（图 2-17）。

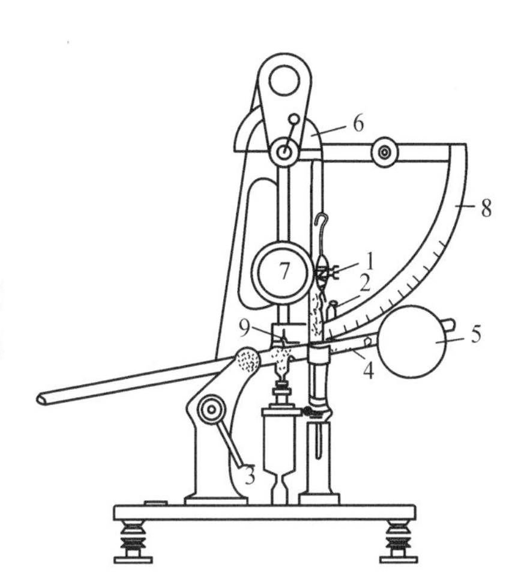

图 2-17　Y162 型束纤维强力机

1—上夹子；2—下夹子；3—手柄；4—调速螺母；5—加压重锤；6—测力绞盘；7—重锤；8—强力刻度尺；9—加压杠杆

三、任务实施

1. 测试原理

用等速牵引型强力机拉伸棉束纤维试样，直至断裂，由摆杆的扇形刻度尺偏转的角度指示其强力值。将试样称重，根据单位质量的纤维根数和修正系数，计算平均单纤维断裂强力。

2. 检测器具

Y162 型束纤维强力机（技术条件见表 2-11），烘箱，扭力天平。

其他工具：3 mm 隔距板、限制器绒板、一号夹子、压板、镊子、黑绒板、稀梳（10 针/cm）、密梳（20 针/cm）、50 mm 纤维尺、培养皿、挑针、玻璃板等。

表 2-11　束纤维强力机技术条件

项　目	零点变动	倒磅	灵敏度	负荷校验	下降速度
允许误差	不大于 1/4 格	不大于一个分度值	不大于 1/2 分度值	不大于 1%	300 ±5 mm/min

3. 仪器调整

（1）调整机身水平位置

调整指针对准零点，卸下 3 000 g 重锤后，指针仍应对准零点。

① 零点变动：抬起掣子，压下零点固定杆，用手拨动摆杆，待静止后观察其变动情况。

② 倒磅：轻轻移动摆杆数次，使掣子自由地在齿条上移动，放下摆杆，观察指针倒退的分度值。

③ 灵敏度：上夹子上挂砝码 2 000 g 后，再加上 20 g 小砝码，然后记录强力刻度尺移动的读数。

（2）负荷校验

将砝码（1 200～2 550 g）悬挂在上夹子上，指针应分别指在强力机刻度尺 40%～85%的相应位置上。测试点应不少于五个。

（3）下夹子下降速度调整

用速度调节螺丝调节下夹子的下降速度为 300 mm/min±5 mm/min。方法是先开启手柄，待拉杆下降静止时，在拉杆与套筒圆柱面处画一条线为记号，然后将杠杆恢复原位，测量下降距离，用秒表测定 3～5 次拉杆下降时间，并计算其平均值。

4. 试样准备

将梳理好的 32 mm 宽的棉束分成五个小束（可多分两束作为备用），每小束重 3.0 mg±0.3 mg，要求在 1 500～2 500 cN 之间断裂。

将制成的小束放在培养皿内，进行预调湿和调湿处理。

5. 检测步骤

① 用上夹子夹住小束整齐一端，用密梳梳理露出部分的纤维。挂好上夹子，将小束尖端引入下夹子中，旋紧上、下夹子，夹在上、下夹子之间的纤维全部保持拉紧平行伸直，小束宽度为 4～5 mm。

② 扳动手柄，使下夹子下降，待小束断裂后记下断裂强力，读数精确到 10 cN。松开上、下夹子，继续拉断其余的小束。取下的断裂小束顺序地置于黑绒板上。

在拉伸实验中，如小束的断裂不正常或纤维滑脱，均应废弃。

③ 将五个断裂小束合并后称重，读数精确至 0.01 mg。

6. 结果计算

（1）修正前单纤维平均断裂强力 F_s

$$F_s = \frac{\sum_{i=1}^{n} p_i}{WM} \tag{2-18}$$

式中：p_i——第 i 小束的断裂强力，cN 或 gf；

W——五小束的质量和，mg；

M——每毫克纤维根数，根；

n——试验小束数，$n = 5$。

（2）修正后单纤维平均断裂强力 F

$$F = \frac{F_s}{0.675} \tag{2-19}$$

$$L_R = 0.001 \times F \times N_m \tag{2-20}$$

式中：0.657——修正系数；

L_R——断裂长度，km（断裂强力 F 需以“gf”为单位）；

N_m——公制支数，公支。

四、任务评价

在教师的指导下，学生分组检测原棉试样的束纤维断裂强力，计算棉纤维断裂长度，并填写检测报告单；然后以小组为单位，对检测结果进行互评；最后由教师点评，给出完成本任务的成绩。

棉束纤维强力检测报告单

检测品号________________　　　　检测人员(小组)________________

检测日期________________　　　　温　湿　度________________

序号	棉束断裂强力(cN)	棉束质量(mg)	计　算　结　果	
1				
2			棉束平均断裂强力(cN)	
3			修正前单纤维平均断裂强力(cN)	
4			修正后单纤维平均断裂强力(cN)	
5			断裂长度(km)	

任务六　原棉疵点检测

一、任务目标

掌握原棉疵点对可纺性能的影响，学会识别各类原棉疵点，能检测棉纤维疵点粒数和质量指标，填写检测报告单。

二、知识准备

原棉疵点是原棉中存在的对纺纱有害的物质，如棉结、索丝、带纤维籽屑、软籽表皮、不孕籽和僵棉等，具体含义分别如下：

① 棉结，是棉纤维纠缠而成的结点，一般在染色后形成深色或浅色细点。如果籽棉含水率过高，成熟度差，则纤维弹性差、刚性弱，在遭受机械打击或锯齿勾拉的过程中，彼此很容易粘连、缠绕扭结在一起，形成棉结和索丝。

② 索丝，又称棉索，多根棉纤维紧密纠缠呈条索状，用手难以纵向扯开的纤维束。

③ 带纤维籽屑，是带有纤维的碎小籽屑，面积在 2 mm^2 以下。

④ 软籽表皮，是未成熟棉籽上的表皮，软薄呈黄褐色，一般带有底绒。

⑤ 不孕籽，是未受精的棉籽，色白呈扁圆形，附有少量较短的纤维。

⑥ 僵片，是从受到病虫害或未成熟的带僵籽棉上轧下的僵棉片，或连有碎籽壳。

⑦ 黄根，是由于轧工不良而混入皮棉的棉籽上的黄褐色底绒，长度一般为 3～6 mm，呈斑点状，故也叫黄斑。

原棉疵点的存在严重影响成纱及成品的外观质量，因此需检测原棉疵点含量，在纺纱过程中有效去除原棉疵点。

三、任务实施

1. 测试原理

根据国家标准 GB/T 6103—2006《原棉疵点试验方法　手工法》，原棉疵点检测采用手拣法，即从试样中将各种疵点一一拣出，分别计数和称重，可计算出每 100 克试样的疵点总粒数和疵点总质量百分率。

2. 检测器具

最大称量为 200 g 的链条天平(分度值为 0.01 g),最大称量为 100 mg 和 10 mg 扭力天平各一台(分度值分别为 0.2 mg 和 0.02 mg),镊子,黑绒板,玻璃压板。

3. 试样制备

从实验室样品中均匀随机地抽取锯齿棉试验试样 10 g、皮辊棉试验试样 10 g 和 5 g 各一份。发现棉籽或特殊杂质应予剔除,其质量由实验室样品补偿。

4. 操作步骤

① 将称准的 10 g 试验试样平铺在工作台上,用镊子从中拣取破籽、不孕籽、软籽表皮和僵片,分别计数和称取质量。

② 将已拣取以上各项疵点的试样均匀混合,然后随机称取 2 g,拣取带纤维籽屑,分别计数和称取质量。拣取时,要保持疵点原形,防止拉松和扯碎。

如果试样为皮辊棉,则从 5 g 试验试样中拣取黄根,称取质量。

5. 结果计算

$$\text{每百克疵点总粒数(粒 /100 g)} = \frac{\text{各种疵点粒数总和}}{\text{试样质量}} \times 100 \tag{2-21}$$

$$\text{疵点总质量百分率} = \frac{\text{疵点总质量}}{\text{试样质量}} \times 100\% \tag{2-22}$$

疵点粒数的计数为整数。疵点总质量百分率和黄根质量百分率的计算结果修约至两位小数。

四、任务评价

在教师的指导下,学生分别检测锯齿棉和皮辊棉试样的各类原棉疵点粒数,计算疵点指标,并填写检测报告单;然后以小组为单位,对检测结果进行互评;最后由教师点评,给出完成本任务的成绩。

原棉疵点检测报告单

检测品号____________ 检测人员(小组)____________

检测日期____________ 温 湿 度____________

锯齿棉疵点的检测报告单

<table>
<tr><th>序号</th><th>疵点种类</th><th>疵点粒数
(粒)</th><th>疵点质量
(mg)</th><th>每百克疵点
粒数</th><th>每百克疵点
质量</th><th>疵点质量
百分率</th><th>计算
结果</th></tr>
<tr><td>1</td><td>破籽</td><td></td><td></td><td></td><td></td><td></td><td rowspan="4">每百克疵点
总粒数</td></tr>
<tr><td>2</td><td>不孕籽</td><td></td><td></td><td></td><td></td><td></td></tr>
<tr><td>3</td><td>棉索</td><td></td><td></td><td></td><td></td><td></td></tr>
<tr><td>4</td><td>软籽表皮</td><td></td><td></td><td></td><td></td><td></td></tr>
<tr><td>5</td><td>僵片</td><td></td><td></td><td></td><td></td><td></td><td rowspan="3">疵点总质量
百分率</td></tr>
<tr><td>6</td><td>带纤维籽屑</td><td></td><td></td><td></td><td></td><td></td></tr>
<tr><td>7</td><td>棉结</td><td></td><td></td><td></td><td></td><td></td></tr>
</table>

皮辊棉疵点的检测报告单

序号	疵点种类	疵点粒数	疵点质量	每百克疵点粒数	每百克疵点质量	疵点质量百分率%	计算结果	
1	破籽						每百克疵点总粒数(粒/100 g)	
2	不孕籽							
3	软籽表皮							
4	僵片						疵点总质量百分率(%)	
5	带纤维籽屑							
6	黄根						黄根质量百分率(%)	

知识拓展

一、USTER® HVI 1000 大容量纤维测试系统

该系统适用于快速检测由美国农业部定义的，应用于棉花市场系统的棉纤维各项物理机械性能，如长度、强度、长度整齐度、伸长率、马克隆值、颜色、杂质、水分、短纤维指数（SFI）、成熟度、纺织稳定参数(SCI)、棉结、紫外线(UV 值)等。

图 2-18　USTER® HVI 1000 大容量纤维测试系统

HVI 1000 大容量棉纤维快速测试系统(图 2-18)配置包括：监视器、键盘、计算机、硬盘驱动器(装有所需界面、操作、计算和报表的软件包)、3.5 英寸软盘驱动器、CD-ROM 光驱、天平、条码读识器、打印机和内、外温湿度探测器，由两个直立的控制橱柜构成：大控制柜内包括长度/强度模块，小控制柜内包含马克隆、颜色和杂质模块。该系统还包括置于控制柜上的数字和字母输入键盘、监视器和天平，监视器显示菜单选项、操作指导和测试结果。每个样品完成测试后，结果传送至打印机或外部计算机系统。

1. 长度/强度模块

长度/强度模块由自动取样机械、梳刷样品机械、测量长度和整齐度的光学测量系统和测量强度和伸长的夹钳系统这几个部分组成，该模块用于测量棉纤维上半部平均长度（接近罗拉法测得的主体长度）、长度整齐度、短纤维指数、强度和伸长率等指标。当棉花放入自动取样器（桶）后，梳夹将自动随机取样，梳夹所取的棉样，由传动轨道送到刷子梳刷，后经照影仪测得照影仪曲线自动计算出各项长度指标；强度值由拉断一定质量棉纤维试样所需的力确定；利用纤维拉断前伸长的平均值计算棉纤维伸长率。

2. 马克隆模块

该模块用于测量棉纤维马克隆值和成熟度等指标。它是利用气流阻力和纤维比表面积之间的相关性进行测量马克隆值。测试时，将已知质量的棉纤维放在固定容量的仓里，气流从纤维中穿过，进出仓的气流有一定的压差，根据它与纤维比表面积的关系确定棉纤维的马克隆值。

3. 颜色/杂质模块

该模块用于测量棉纤维反射率、黄度、杂质数和杂质面积等指标。颜色和杂质测试是同时进行的。颜色测量中，系统用氖闪光灯照射样品。通过纤维的反射光，由照相二级管接收，进而得到反射率和黄度两个棉花颜色指标。

杂质测量是用摄像头分析像素的变化，用光从测试窗口下照射试样，如果试样上杂质点的灰色程度超出了摄像头的预先设定，则被记录下来，测试窗口内的所有杂质将被计数，自动计算出杂质数量和杂质面积指标。

① 杂质数量：直径大于或等于 0.01 英寸的杂质颗粒数；

② 杂质面积：杂质所占样品面积百分比。

HVI 1000 系统软件允许操作者从屏幕选项中选择操作程序。一旦测试项目被确定，屏幕将显示该项目并显示其操作步骤。软件主要包括 HVI 应用软件、报告设置平台和棉包管理系统。

二、XJ120 快速棉纤维性能测试仪

我国也研制成功了高容量快速测试仪，目前已经商品化的是由陕西长岭纺织机电科技有限公司研发的“XJ120 快速棉纤维性能测试仪”。该仪器是集光机、电、气和计算机等技术为一体的高技术产品，由长/强度测试仪（含取样器）、马克隆测试仪、色泽/叶屑测试仪、回潮率测试仪、读码器、棉结测试仪等组成，能快速检测出原棉纤维的长度、强度、成熟度、色泽、叶屑（表面杂质）、回潮率等，并能计算出短绒指数、色泽等级、杂质等级、可纺支数等指标。这些指标对棉检部门客观、公正地评价原棉品质，指导棉纺企业配棉，合理利用原棉原料，都具有十分重要的意义。

【思考题】

1. 在棉纤维商业贸易中为何要检验回潮率和含杂率？
2. 原棉国家标准对细绒棉手扯长度的规定如何？
3. 棉纤维最重要的可纺性能指标是什么？其对纺纱加工和成纱质量有何影响？
4. 原棉品级分级的依据有哪些？

5. 试述棉纤维马克隆值的含义及其对成纱质量的影响。

6. 棉纤维细度如何表示？试述棉纤维细度常用检测方法。

7. 棉纤维成熟度指标有哪几种？简述中腔胞壁对比法检测棉纤维成熟度的原理。

8. 用中段切断称重法检测原棉的细度，相关数据为：中段长度 L_c=10 mm；中段质量 G_c=3.24 mg；两端纤维质量 G_f=6.54 mg；中段根数 n=1 965 根。计算：(1) 棉纤维的线密度；(2) 公制支数 N_m；(3) 每毫克纤维根数。

子项目三　麻纤维检验

麻纤维是从各种麻类植物中取得的纤维的统称，有韧皮（茎）纤维（软质纤维）和叶脉纤维（硬质纤维）。韧皮纤维主要有苎麻、亚麻、大麻（汉麻）、罗布麻、黄麻、洋麻、苘麻（青麻）等；其中苎麻、罗布麻可单纤维纺纱，其他纤维用工艺纤维纺纱。叶脉纤维主要有剑麻、蕉麻、菠萝麻等。麻纤维的主要组成为纤维素（65%以上），并含有较多的半纤维素、木质素等。麻纤维中最常用的是苎麻和亚麻纤维。

1. 苎麻

苎麻纤维主要产于我国的长江流域，以湖北、湖南、江西的出产为最多，有“中国草”之称。

苎麻是麻纤维中品质最好的纤维。它取自于植物的韧皮部。苎麻植物收割后须经剥皮刮青，才能得到丝状或片状的原麻（生麻），即商品苎麻。其初加工（脱胶）是从麻秆韧皮中提取纤维的过程。根据纺织加工的要求，脱胶后苎麻的残胶率应控制在 2%以下，脱胶后的纤维称为精干麻（苎麻纺纱原料）。精干麻纤维的平均细度约 0.5 tex，单纤维平均长度约 60 mm（20～250 mm，最长可达 600 mm），长度变异系数大，色白而富于光泽。

苎麻纤维的强度和模量在天然纤维中居于首位，伸长率低，且湿强大于干强。纤维硬挺，刚性大，在纺纱时纤维之间的抱合差，纱线毛羽多，手感粗硬。苎麻纤维的吸湿性好，公定回潮率为 12%，且放湿速度快，故苎麻织物适合制作夏季衣料。但苎麻纤维的弹性回复性能差，织物不耐磨。

苎麻（原麻）纤维的品质，根据脱胶后精干麻纤维的细度，分为甲、乙两类（单纤维细度<5.6 dtex 为甲类，5.6～7.1 dtex 为乙类，）；再根据原麻的外观品质定等，划分为一等、二等、三等，三等以下为等外；各等内按原麻束长度分为一级、二级、三级（三等共九级），600 mm 以下为级外。原麻等级规定见表 2-12。

表 2-12　原麻等级标准

等别	品质条件	级别长度(mm)		
		一级	二级	三级
一等	刮制好，含胶轻，斑疵、红根极少，色泽正常	1 400	1 000	600
二等	刮制较好，含胶一般，斑疵、红根少，色泽正常	1 400	1 000	600
三等	刮制较差，含胶稍重，斑疵、红根较多，色泽正常	1 500	1 000	600

2. 亚麻

亚麻适宜在寒冷地区生长，俄罗斯、波兰、法国、比利时、德国等是主要产地，我国的东北地区及内蒙古等地也有大量种植。纺织用亚麻均为一年生草本植物。亚麻分纤维用、油用和油纤兼用三种，前者统称亚麻，后两者一般称为胡麻。纤维用亚麻又称长茎麻，茎高 600～1 250 mm，是亚麻纺纱的主要原料；油用亚麻又称短茎麻，茎高 300～500 mm，主要用麻籽榨油，纤维粗短、品质差；油纤兼用亚麻的特点介于前两者之间，茎高 500～700 mm，纤维用于纺织，麻籽用于榨油食用。亚麻单纤维平均长度为 17～25 mm，打成麻长度一般为 300～900 mm。

亚麻品质较好。从亚麻茎中获取纤维的方法称为脱胶、浸渍或沤麻，得到的麻纤维称为打成麻。亚麻茎细，木质素不甚发达，从韧皮部制取纤维不能采用一般的剥制方法，主要通过破坏麻茎中的黏结物质（如果胶等），使韧皮层中的纤维素物质与其周围组织成分分开，从而获得有用的纺织纤维。打成麻是单纤维用剩余胶黏结的细纤维束（工艺纤维，截面含 10～20 根单纤维）。亚麻纤维就是采用这种胶粘在一起的细纤维束纺纱的。

任务一 苎麻纤维长度检测

一、任务目标

掌握苎麻纤维长度特征，学会利用梳片式长度分析仪对苎麻纤维试样进行长度检验，并出具检测报告单。

二、知识准备

苎麻纤维的可纺性能检测，包括细度、长度和强度检测，取样为麻条。其中，苎麻细度一般采用中段切断称重法检测，操作方法和步骤与棉纤维细度检测方法相同，只是中段切断长度可加长到 20 mm或 30 mm；苎麻纤维强度采用单纤维强力检测法。本任务主要学习苎麻长度检测。

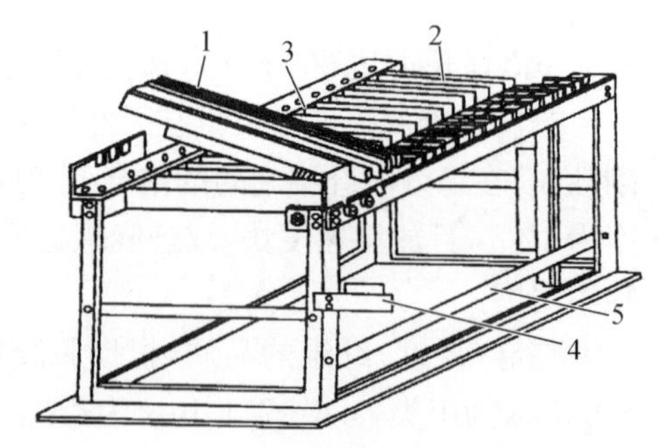

图 2-19 Y131 型梳片式长度分析仪

1—上梳片；2—下梳片；3—触头；4—预梳片；5—挡杆

苎麻纤维的长度测试方法主要有梳片法和排图法（参见羊毛长度检验）两种。

Y131 型梳片式长度分析仪如图 2-19 所示，由许多植有钢针的梳片组成，梳片之间的距离为 10 mm。测定精干麻单纤维长度时，将纤维梳理成一端平齐、纤维平直的纤维束，放置于梳片组中，逐一放下梳片，夹取纤维，得到长度依次相距 10 mm、由长到短的各组纤维束，分别称出各组质量，计算各项长度指标。

三、任务实施

1. 检测原理

利用梳片式长度分析仪将一定质量的苎麻条试样按 10 mm 等距分组称重，计算各项长度指标。

2. 检测器具

Y131 型梳片式长度仪、天平、稀密梳、镊子和黑绒板等。

3. 检测取样

取 10 包(当麻条批样在 10 m/T 以上时,每增加 0.5 m/T,增抽 2 包,不足 0.5 m/T 按 0.5 m/T计),在每个麻包中任意抽取 2 团,每团抽取 2 根麻条,总数不得少于 10 根。从取好的试样中,随机抽取 9 根长约 1.3 m 的麻条,作为测试样品,其中 6 根用于平行测试,3 根作为备样。测试样品按要求进行调湿处理,依据标准为 GB 5887—1986《苎麻纤维长度试验方法》。

4. 操作步骤

① 从样品中任意抽取长约 500 mm 的麻条试样 3 根,双手各持一端,轻加张力,平直地将 3 根麻条分别放在第一台分析仪上。纤维条一端露出 100～150 mm,用压叉将每根麻条压入下梳片针内(小于纤维夹子的宽度)。

② 将露出梳片的麻条,用手轻轻拉去一端,在距离第一下梳片 50 mm 或 80 mm 处,用纤维夹子夹取纤维,使麻条端部与第一下梳片平齐。放下第一梳片,用夹子将一根麻条试样全部宽度的纤维紧紧夹住,从下梳片中缓慢拉出,并用梳片梳理 2 次(从根部开始),去除游离纤维。每组夹取 3 次,每次夹取长度 3 mm。

③ 将梳理后的纤维转移到第二台分析仪上时,用左手夹住纤维,保持纤维平直,防止扩散。纤维夹子钳口靠近第二梳片,用压叉将麻条压入针内,并缓慢向前拖拉,使纤维束头端与第一梳片的针内侧平齐。继续数次,第二台分析仪上的纤维束宽度为 100 mm 左右,当纤维束质量为 2.0 g～2.5 g 时,停止夹取。

④ 在第二台分析仪上,先加上第一把下梳片,再加上 4 片上梳片,将分析仪旋转 180°,逐一降落梳片,直到最长纤维露出为止(若最长纤维超过分析仪最大长度,则用尺测出最长纤维的长度)。用纤维夹子夹取各组纤维,并依次揉成小团,分别用天平称重(精确至 0.001 g)。

两次测试结果的平均值为试样长度测试结果。若两次测试结果的短纤维率平均值差异超过 20%,需进行第三次测试,并按三次测试结果的平均值计算。

在测试过程中,需注意:整理试样时,尽量不丢弃纤维;下梳片内放纤维时,尽量使纤维平行伸直;预梳片上的纤维需取下,经整理后重新放入下梳片内。

5. 结果计算

(1) 加权平均长度 L_g

$$L_g = \sum L_i g_i \Big/ \sum g_i = L_n + K \times \left(\sum D_i g_i \Big/ \sum g_i \right) \tag{2-23}$$

式中:L_g——纤维的加权平均长度,mm;

L_i——第 i 组纤维的平均长度,即组中值,L_i=(上界+下界)/2, mm;

g_i——第 i 组纤维的质量,mg;

L_n——假定平均长度,一般取质量最重一组的组中值,mm;

K——组距,K=10 mm;

D_i——第 i 组纤维的平均长度和假定平均长度的差值与组距之比,即 $D_i=(L_i-L_n)/K$。

(2) 长度标准差 S

$$\begin{aligned} S &= \left[\left(\sum L_i^2 G_i \Big/ \sum G_i \right) - \left(\sum L_i G_i \Big/ \sum G_i \right)^2 \right]^{1/2} \\ &= \left[\left(\sum D_i^2 G_i \Big/ \sum G_i \right) - \left(\sum D_i G_i \Big/ \sum G_i \right)^2 \right]^{1/2} \times K \end{aligned} \tag{2-24}$$

（3）长度变异系数 CV

$$CV = S/L_g \times 100\% \tag{2-25}$$

（4）短纤维率 P 长度 40 mm 以下的纤维质量占纤维总质量的百分率：

$$P = (\text{长度 40 mm 以下的纤维质量}) \Big/ \sum G_i \tag{2-26}$$

四、任务评价

在教师的指导下，学生用梳片法检测苎麻纤维长度，计算各项长度指标，并填写检测报告单；然后以小组为单位，对检测结果进行互评；最后由教师点评，给出完成本任务的成绩。

苎麻纤维长度检测报告单

测试人员		纤维支数	
样品来源		温湿度	
样品编号		测试日期	

组号	各组长度范围（mm）	各组平均长度：组中值 L_i（mm）	各组纤维质量 G_i（mg）	$D_i=(L_i-L_n)/10$	D_iG_i	$D_i^2G_i$
1	0～10	5				
2	10～20	15				
3	20～30	25				
4	30～40	35				
5	40～50	45				
6	50～60	55				
7	60～70	65				
8	70～80	75				
9	80～90	85				
10	90～100	95				
11	100～110	105				
12	110～120	115				
13	120～130	125				
14	130～140	135				
15	140～150	145				
16	150～160	155				
17	160～170	165				
18	170～180	175				
总和						

任务二 亚麻工艺纤维品质检测

亚麻工艺纤维的品质检验为本子项目的拓展训练任务，由各组组长负责，人人参与，制订工作计划(亚麻工艺纤维品质检测的相关标准、检测方法和操作规程、操作录像等),完成任务,提交检测报告。

【思考题】

1. 苎麻纤维的品质应如何评定?
2. 试述梳片法检测苎麻纤维长度的测试原理。
3. 和棉纤维相比,苎麻纤维长度有何特点?
4. 简述苎麻和亚麻纤维的性能特征。
5. 你知道苎麻织物有哪些服用性能吗?
6. 亚麻纤维的品质应如何评定?

子项目四　毛纤维检验

毛纤维的种类很多,按其性质和来源,主要纺织用毛绒纤维见表 2-13。

表 2-13　主要纺织用毛绒纤维

动物名称	绵羊	山羊	兔	牦牛	羊驼
纤维名称	羊毛	山羊绒(绒山羊)	安哥拉兔毛	牦牛绒	羊驼绒
		马海毛(安哥拉山羊)	其他兔毛(长毛兔)		羊驼毛

羊毛是绵羊毛的简称。在纺织用毛绒类纤维中,羊毛所用数量最多。除了羊毛以外,可以用于纺织的其他动物毛纤维,称为特种动物毛。

羊毛纤维细度是确定羊毛品质和使用价值最重要的指标。羊毛纤维的细度指标主要有线密度、品质支数、平均直径和公制支数四种表示方法。其中品质支数为毛纺工业所独有。羊毛的品质支数与平均直径之间的关系见表 2-14。

表 2-14　羊毛的品质支数与平均直径之间的关系

品质支数	平均直径(μm)	品质支数	平均直径(μm)
70	18.1～20.0	48	31.1～34.0
66	20.1～21.5	46	34.1～37.0
64	21.6～23.0	44	37.1～40.0
60	23.1～25.0	40	40.1～43.0
58	25.1～27.0	36	43.1～55.0
56	27.1～29.0	32	55.1～67.0
50	29.1～31.0	—	—

1. 羊毛的分等

羊毛的分等一般在剪毛之后、整理包装之前进行,主要用于商业采购。

羊毛的分等根据国家标准 GB 1523—2013《绵羊毛》规定的技术条件进行。该标准将羊毛型号分为超细绵羊毛、细绵羊毛、半细绵羊毛、改良绵羊毛、土种绵羊毛五类，根据细度、长度、油汗、粗腔毛和干死毛含量及疵点毛、植物性杂质含量作为定等考核指标，五项指标中以最低一项定等；外观特征如色泽、卷曲、毛被形态作为参考指标。超细羊毛、细羊毛和半细羊毛分为特等、一等、二等，改良羊毛和土种羊毛分为一等、二等，各等均有文字说明。

2. 羊毛条的分等

羊毛条的分等用于工业生产中，根据行业标准 FZ/T 21005—2009《大豆蛋白复合纤维毛条》，大豆蛋白复合纤维毛条的质量分等以批为单位，根据其内在品质和外观疵点，分为一等品、二等品、三等品三个等级，低于三等品者为等外品。每批产品的各项质量指标中最低一项的等级定为该批产品的等级。大豆蛋白复合纤维毛条质量指标见表2-15。

表 2-15　大豆蛋白复合纤维毛条质量指标

序号	项　目	等　级		
		一等品	二等品	三等品
1	毛条单位质量偏差率[a]/(g/m)	±1.0	±1.0	±1.5
2	毛条单位质量不匀率/%	≤1.5	≤2.0	≤2.5
3	毛粒/(只/g)	≤4.0	≤7.0	≤9.0
4	毛片/(只/m)	≤0.1	≤0.2	≤0.3
5	平均长度偏差率[b]/%	≤2.0	≤3.5	≤5.0
6	短毛率(≤20 mm)/%	≤0.8	≤1.2	≤1.5
7	含油率/%	≤0.7	≤0.7	≤0.7

a. 大豆蛋白复合纤维毛条单位质量中心值为 20 g/m，如有特殊需要，供需双方协商确定。
b. 平均长度中心值由供需双方协商确定。

任务一　羊毛纤维细度检验

一、任务目标

掌握羊毛纤维细度特征，学会利用显微镜投影仪对羊毛纤维试样进行细度检验，并出具检测报告单。

二、知识准备

羊毛细度（线密度）检测方法有显微镜投影仪测量法和气流仪法等多种。

三、任务实施

（一）显微镜投影仪测量法

依据国家标准为 GB/T 10685—2007《羊毛纤维直径试验方法投影显微镜法》，投影显微镜测量法常用于羊毛细度和截面为圆形的纤维纵向投影直径的检测。

1. 检测原理

将纤维截面的映像放大 500 倍并投影到屏幕上，用楔形尺测量屏幕圆内的纤维直径，逐次记录测量结果，计算出纤维直径的平均值。

2. 检测器具

投影显微镜（图 2-20）、楔形尺（图 2-21）、纤维切片器、载玻片和盖玻片等。

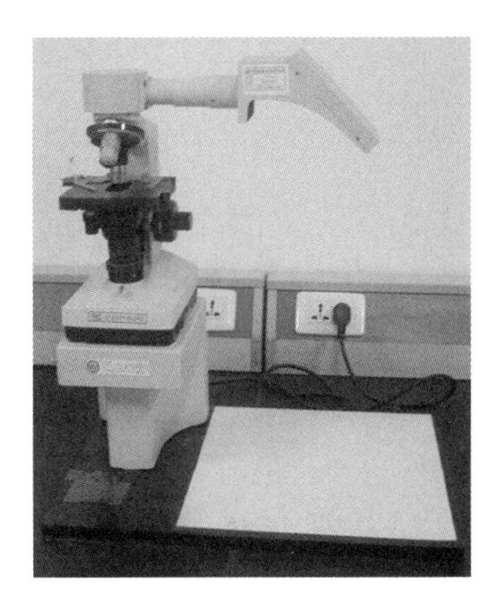
图 2-20　投影显微镜

3. 检测步骤

（1）取样与制片

随机抽取有代表性的试样，用手扯法整理顺直成毛束；用纤维切片器切取 0.8 mm 长的纤维，置于试样瓶中，滴适量石蜡油浸润，搅拌均匀；取适量试样均匀地涂于载玻片上，轻轻盖上盖玻片，制成片子（先将盖玻片的一边接触载玻片，再将另一边轻轻放下，以避免产生气泡）。

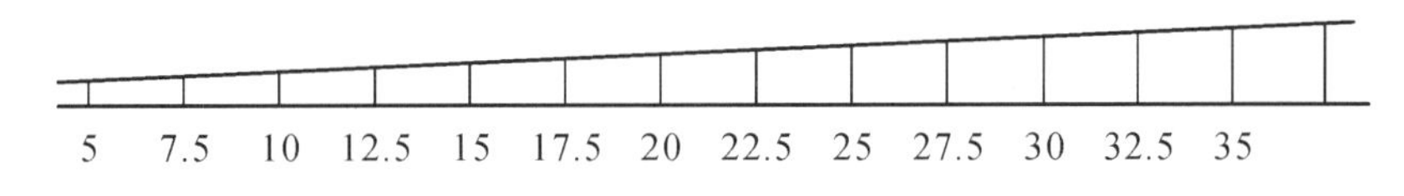

图 2-21　楔形尺

（2）校准放大倍数

将载物测微尺（分度值为 0.01 mm）放在载物台上，投影在屏幕上的测微尺的 20 个分度（0.20 mm）应精确地被放大为 100 mm，此时放大倍数为 500 倍。

（3）确定测量根数

由于羊毛的粗细不匀，测试根数对结果的影响较大。一般情况下测量 300 根的允许误差率，按标准规定为 3%。

（4）测量

把载有试样的载玻片放在显微镜载物台上，盖玻片面对物镜，先对盖玻片的角 A 进行调焦（见图 2-22），纵向移动载玻片 0.5 mm 至 B，再横向移动 0.5 mm，这两步将在屏幕上得第一个待测试视野，按照此规则测量视野圆周内的每根纤维直径；等该视野内的纤维测量完毕后，再横向移动 0.5 mm，得第二个待测试视野，继续测量……如此横移测试，直至到达盖玻片右边 C 处，纵向下移载玻片 0.5 mm 至 D，并继续以 0.5 mm 的步程反向横移测量。整个载玻片中试样的测试，按图 2-22 所示的 A、B、C、D、E、F、G、H 的顺序测量整个载玻片的试样。

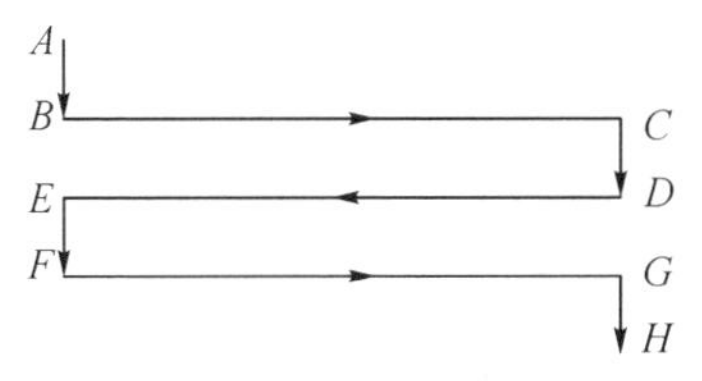

图 2-22　载玻片上纤维测量顺序示意图

测量时，使楔形尺的一边与对准焦点的纤维一边相切，在纤维的另一边与楔形尺的另一边相交处读出数值。测量结果记录在楔形尺纸上。

4. 结果计算

(1) 平均直径

$$\bar{d}=\sum d_i n_i\Big/\sum n_i=A+I\times\left(\sum D_i n_i/\sum n_i\right) \tag{2-27}$$

式中：$\bar{d}$——纤维平均直径，μm；

d_i——第 i 组纤维直径的组中值，d_i=(上界+下界)/2，μm；

n_i——第 i 组纤维直径的纤维根数；

A——假定平均直径，通常选根数较多且位置较居中的一组纤维的组中值，μm；

D_i——第 i 组纤维直径的组中值 d_i 与假定纤维平均直径 A 之差与组距 I 之比；

I——组距，I=2.5μm。

(2) 直径标准差 S

$$\begin{aligned}S&=\left[\left(\sum d_i^2 n_i\Big/\sum n_i\right)-\left(\sum d_i n_i\Big/\sum n_i\right)^2\right]^{1/2}\\&=\left[\left(\sum D_i^2 n_i\Big/\sum n_i\right)-\left(\sum D_i n_i\Big/\sum n_i\right)^2\right]^{1/2}\times I\end{aligned} \tag{2-28}$$

(3) 直径变异系数 CV

$$CV=S/\bar{d}\times 100\% \tag{2-29}$$

(二) 气流仪法

依据标准 SN/T 2141.1—2008《纺织原料细度试验方法 第1部分：气流仪法》，气流仪法能间接测量棉纤维的细度、同质羊毛及化学纤维的细度，能获取纤维细度的平均值，但无法得到纤维细度的离散性指标。

1. 试样准备

从毛条样品中随机抽取 1 m 长的毛条 10 根，每根沿纵向取出 1/3，合并为毛条大样；从毛条大样中取 20 g，剪开、扯松、脱脂、预调湿和调湿后，称取两份试样，各重 4.5 g±0.01 g(棉纤维：抽取经开松除杂后的棉纤维样品约 20 g，调湿后，称取 5 g±0.01 g 的试样两份)。

2. 检测器具

Y145 型气流仪(图 2-23)、天平等。

3. 检测步骤

① 关闭气流调节阀 6，开动抽气泵 7。

② 取下压样筒，将试样放入试样筒 3 中，拧紧压样筒。

③ 缓慢开启气流调节阀 6，当压力计 1 的新月形弧面与下刻度线相切时，停止转动气流调节阀 6，观察转子 5 的顶部，读取其停留处所对应的直径或公制支数，关闭气流调节阀 6。

④ 取出试样筒中的试样，扯松，再测一次，取两次测试结果的平均值。

⑤ 按上述操作，测定第二份试样。若两份试

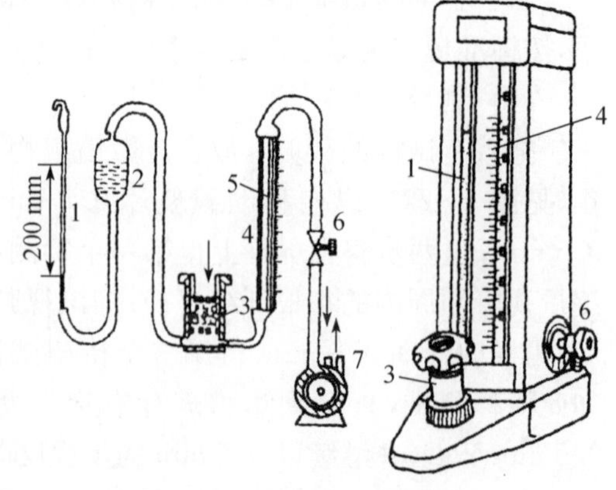

图 2-23 Y145 型气流仪

1—压力计；2—贮水瓶；3—试样筒；4—转子流量计；5—转子；6—气流调节阀；7—抽气泵

样的测试结果差异超过20%(棉纤维:两份试样的测试结果差异超过3%),需测试第三份试样。

试验应在标准大气环境中进行,否则需对结果进行修正。

目前,纤维细度越来越多地采用纤维细度综合分析仪及振动式细度测试仪进行测定。

(三)　纤维细度综合分析仪测量法

纤维细度综合分析仪,由显微镜、电脑、打印机和测试软件四部分组成,该仪器可进行纤维定性分析、纤维含量分析,以及纤维直径、截面、中空度、径向异形度等测试。纤维直径测试具有数据校正功能,提供全自动直径测量附件(需手动调节更换视场)。用于各种动物纤维、化学纤维、棉麻等纤维直径的测量,测量速度快操作简便,减少人为误差;测试数据及结果自动计算,并以EXCEL输出报表,报表格式、统计方式可根据用户要求更改。

1. 检测原理

纤维细度综合分析仪是新型人机交互式纤维直径测量分析仪。该仪器通过高分辨率的工业摄像机将光学显微镜与计算机相连,依靠专业的分析软件完成纤维直径和截面积的测量。

2. 检测仪器

CU6型纤维细度综合分析仪(图2-24)。

3. 检测步骤

取样制片同显微镜投影仪测量法。

(1) 标定标尺

① 打开软件,点击“采集”“预览”“开始预览”。

② 将标准刻线尺放在显微镜上,调节显微镜至采集图像窗口出现清晰的标尺图像,点击“采集”“预览”“暂停”。

图2-24　CU6型纤维细度分析仪

③ 点击“设置”“标定系统标尺”出现“标定标尺”对话框,点击“是”。

④ 将光标移至采集窗口左上角,按住鼠标左键并拖动鼠标,得到一个标尺信息的矩形区域,松开鼠标左键,出现“另存为”对话框。

⑤ 选定保存位置,点击“保存”“确定”。

⑥ 选择标尺文件(选择对应放大倍率的标尺),点击“设置”“选择系统标尺”,弹出“打开”对话框,选择对应标尺文件,点击“是”。

标尺标定完成后,以后每次测试无需标定。

(2) 测试

① 换成测试样品,打开软件,单击“图像采集图标”采集图像,弹框后单击“确定”,调整图像至清晰状态,单击右侧框内“确定”。

② 单击“纤维细度测量”,选择“纤维含量实验”,弹出数据表格,单击“启用宏”,将表格最小化。

③ 单击“操作人”,输入操作人姓名、样品名和试验号。

④ 从数字快捷键处选择“纤维种类”,单击“下拉菜单”选择,点击数字键盘上的数字键选择相应种类。

⑤ 右键单击屏幕冻结画面,于纤维一侧单击鼠标左键,跨过纤维,于另一侧再次单击鼠标左键,即完成一根纤维的测量。

完成本视场测量后,单击右键解冻画面,移至下一视场进行测量,直至全部完成。

⑥ 输出测试结果。

（3）注意事项

① 测量时尽量选择较为干净的视场，以避免操作误差；测量前务必将纤维两侧黑线调整为清晰较细状态。

② 为防止误操作，请在冻结状态下退出实验。

③ 操作结束，应关闭电源，罩好防尘罩，避免化学试剂腐蚀光学元件。

四、任务评价

在教师的指导下，学生用显微镜投影仪检测羊毛纤维细度，计算各项细度指标，并填写检测报告单；然后以小组为单位，对检测结果进行互评；最后由教师点评，给出完成本任务的成绩。

羊毛纤维细度检测报告单

测试人员			温湿度			
样品编号			测试日期			
组号	各组直径范围（μm）	组中值 d_i（μm）	测量根数 n_i	$D_i=(d_i-A)/2.5$	$D_i n_i$	$D_i^2 n_i$
1	10～12.5	11.25				
2	12.5～15	13.75				
3	15～17.5	16.25				
4	17.5～20	18.75				
5	20～22.5	21.25				
6	22.5～25	23.75				
7	25～27.5	26.25				
8	27.5～30	28.75				
9	30～32.5	31.25				
10	32.5～35	33.75				
11	35～37.5	36.25				
12	37.5～40	38.75				
平均直径（μm）		直径标准差（μm）		直径变异系数（%）		

任务二 羊毛纤维长度检验

一、任务目标

掌握羊毛纤维长度特征，学会利用排图法对羊毛纤维试样进行长度检验，并出具检测报告单。

二、知识准备

羊毛纤维的长度随绵羊品种、年龄、性别、毛的生长部位、饲养条件、剪毛次数和季节等不同而差异很大，短的在 4 cm 以下，长的在 30 cm 以上。

羊毛洗净毛长度检验，采用梳片法（依据 GB 6501—2006《羊毛纤维长度试验方法　梳片法》）和排图法测定，梳片法的测定方法与苎麻长度测定相同。本任务采用排图法。

三、任务实施

1. 检测原理

将一定质量的毛纤维按纤维长短依次叠在黑绒板上，制成一端整齐，且稀疏分布均匀的薄层，形成纤维长度分布图，然后根据作图法求出各项长度指标。

2. 检测器具

黑绒板、玻璃板、钢尺、镊子等。

3. 试样准备

随机抽取三段纤维条（两段做平行测试，一段为备样），每份试样的质量约为 0.6～0.8 g，视纤维种类而定。

4. 操作步骤

（1）整理纤维束

用手扯法将试样初步整理成一端整齐的毛束（尽量不丢弃纤维），然后按纤维长短依次叠在黑绒板上，制成一端整齐的毛束。

（2）制作纤维长度分布图

用右手拇指和食指将毛束整齐端捏紧，尖端贴在黑绒板上，然后用左手压住纤维尖端，右手将毛束轻轻向后拉，把纤维拉出并紧贴在黑绒板上，应尽量使纤维平行伸直。如此反复，直到右手中的纤维束从长到短全部排完为止，使排出的纤维成为从长到短排列且稀疏分布均匀的薄层，形成纤维长度分布图。把玻璃板盖在纤维长度分布图上，将分布图描绘在透明纸上。

（3）根据作图法求出各项长度指标

用手排法获得的纤维长度分布图如图 2-25 所示。图中横坐标为纤维累积根数（即长于某一长度的纤维累积根数），纵坐标为纤维长度。

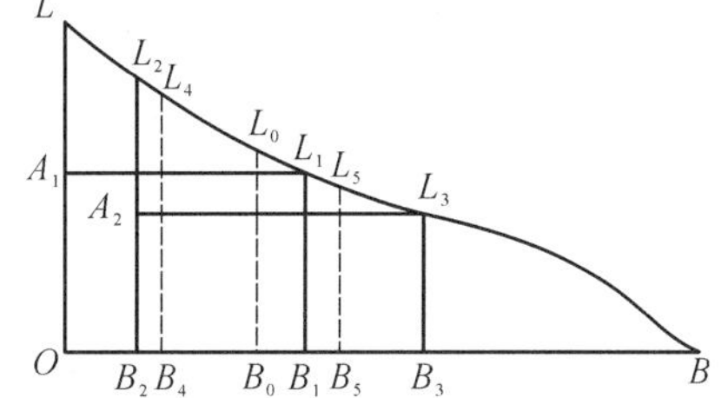

图 2-25　纤维长度分布图

排图法可求得有效长度、中间长度、长度差异率和整齐度、短毛率。

① 有效长度和中间长度：取最长纤维 OL 的中点 A_1，引横坐标的平行线，交曲线 LB 于 L_1，过 L_1 引纵坐标的平行线，交 OB 于 B_1。令 $OB_2=1/4OB_1$，过 B_2 作纵坐标的平行线，交曲线 LB 于点 L_2。取 L_2B_2 的中点 A_2，过 A_2 引横坐标的平行线，交曲线 LB 于 L_3。过 L_3 引纵坐标的平行线，交 OB 于 B_3。令 $OB_4=1/4OB_3$，过 B_4 引纵坐标的平行线，交曲线 LB 于点 L_4。L_4B_4 即为有效长度（mm）。

令 $OB_0=1/2OB_3$，过 B_0 引纵坐标的平行线，交曲线 LB 于点 L_0。L_0B_0 即为中间长度（mm）。

② 长短差异率：令 $B_5B_3=1/4OB_3$，过 B_5 引纵坐标的平行线，交曲线 LB 于点 L_5。

$$长短差异率=(L_4B_4-L_5B_5)/L_4B_4\times 100\% \quad (2\text{-}30)$$

③ 长度整齐度：

$$长度整齐度 = L_5B_5/L_4B_4 \times 100\% \quad (2-31)$$

④ 短纤维率：B_3B 占 OB 的百分率（梳片法中羊毛的短纤维率是指长度 30 mm 以下的纤维质量占总质量的百分率）。

$$短纤维率 = B_3B/OB \times 100\% \quad (2-32)$$

四、任务评价

在教师的指导下，学生用排图法检测羊毛纤维长度，计算各项长度指标，并填写检测报告单；然后以小组为单位，对检测结果进行互评；最后由教师点评，给出完成本任务的成绩。

羊毛纤维长度检测报告单

测试人员			温　湿　度		
样品编号			测试日期		
试样	有效长度	中间长度	长度差异率	整齐度	短毛率
1					
2					
平均值					

【思考题】

1. 羊毛纤维的品质应如何评定？
2. 试述羊毛纤维细度对羊毛品质的影响。
3. 比较几种测定毛纤维细度的方法，它们分别有何优缺点？
4. 羊毛纤维细度指标有哪些，各自的含义是什么？
5. 表 2-16 为某批羊毛的投影显微镜测量法测得的羊毛直径原始数据，计算：

(1) 平均直径、直径均方差及变异系数、粗腔毛率；

(2) 查知品质支数。

表 2-16　羊毛直径原始数据

直径组距(mm)	组中值(mm)	各组根数	直径组距(mm)	组中值(mm)	各组根数
7.5～10.0	8.75	2	27.5～30.0	28.75	28
10.0～12.5	11.25	6	30.0～32.5	31.5	13
12.5～15.0	13.75	20	32.5～35.0	33.75	8
15.0～17.5	16.25	53	35.0～37.5	36.25	2
17.5～20.0	18.75	66	37.5～40.0	38.75	1
20.0～22.5	21.25	90	40.0～42.5	41.25	0
22.5～25.0	23.75	67	$\sum$		400
25.0～27.5	26.25	44			

子项目五 化学短纤维品质评定与检验

化学纤维是指用天然的或合成的聚合物为原料，经过化学方法和机械加工而制成的纤维。根据所用原料的不同，化学纤维可分为再生纤维（包括再生纤维素纤维和再生蛋白质纤维）和合成纤维；按照化学纤维的形态特征，可分成长丝（包括单丝、复丝和变形丝）和短纤维两大类。常见化学短纤维规格如表2-17所示。

表2-17 化学短纤维长度和线密度规格

化纤类型	棉型	中长	毛型	
			精纺	粗纺
长度(mm)	33～40	51～76	64～76	76～114
线密度(dtex)	1.3～1.8	2.2～3.3	3.3～5.5	3.3～5.5

化学短纤维的品质评定项目可分为物理机械性能和外观疵点两个方面。物理机械性能一般包括断裂强度、断裂伸长率、细度偏差、长度偏差、超长纤维率和倍长纤维率、卷曲数、回潮率等。由于化学纤维的品种繁多，分级标准中根据不同品种的特点增加了一些其他指标，如黏胶纤维增加湿断裂强度、钩接断裂强度和残硫量，涤纶纤维增加沸水收缩率等。外观疵点一般包括硬块、并丝、硬丝和粗丝等。黏胶纤维还要增加油污纤维和黄纤维两项。

化学短纤维的分等是根据产品的物理机械性能和外观疵点的检验结果，按规定要求进行评定的，并以其中最低的一项作为该批产品的等级。

化学短纤维一般分为一等、二等、三等，低于三等者为等外品。涤纶短纤维增加优等一档。

任务一 化学短纤维强伸性能检测

一、任务目标

掌握化学纤维种类，学会检测化学纤维的强伸性能，并出具检测报告单。

二、知识准备

依据标准GB/T 14337—2008《化学纤维 短纤维拉伸性能试验方法》，化学短纤维强伸性能检测采用单纤维测试，利用电子单纤维强力机测定拉断单根化学短纤维所需的力和断裂瞬时的伸长量。

三、任务实施

1. 检测原理

在规定条件下，在等速伸长型拉伸仪上将单根纤维拉伸至断裂，从负荷-伸长曲线或数据显示采集系统中得到试样的断裂强力和断裂伸长等指标。

2. 检测器具

YG(B)003A 型电子单纤维强力机(或 XQ-1 型纤维强伸度仪)、黑绒板、镊子、预加张力夹、校验用砝码和秒表等。

3. 试样准备

当试样回潮率超过公定回潮率时,需要进行预调湿;涤纶、丙纶和腈纶纤维试样的调湿和试验用标准大气为:温度 20 ℃±2 ℃,相对湿度 65%±5%,调湿时间 4 h。其他试样调湿和试验用标准大气为:温度 20 ℃±2 ℃,相对湿度 65%±2%,推荐调湿时间 16 h。

4. 参数设置

① 拉伸速度根据表 2-18 进行设置。

表 2-18 拉伸速度

纤维平均断裂伸长率(%)	小于 8	大于等于 8,小于 50	大于等于 50
拉伸速度(mm/min)	50%名义隔距长度	100%名义隔距长度	200%名义隔距长度

② 名义隔距长度按表 2-19 选择。

表 2-19 名义隔距长度

纤维名义长度(mm)	大于等于 35	小于 35
名义隔距长度(mm)	20	10

③ 预张力:

涤纶、锦纶、丙纶、维纶等标准预加张力:0.05～0.20 cN/dtex;

腈纶标准预加张力:0.10 cN/dtex±0.03 cN/dtex;

纤维素纤维标准预加张力:0.060 cN/dtex±0.006 cN/dtex。

④ 测试次数:每个试样测试 50 根纤维。

5. 操作步骤

① 开启主机,预热 30 min。

② 确认“零值校准”“速度调节”是否正常。零值校准:将上夹持器通过挂钩挂上传感器,然后在测试状态下按“校正”键,看是否为零值,不为零值时按“清零”键清零。速度调节:在测试状态下按“调速”键,键入要设定的速度后按“Enter”键。

③ 按“ESC”键,再按“设定”键,进入功能选择。

④ 依次确定各个参数(日期、批号、操作员代码、细度、张力、统计次数、夹持距离、伸长率)。

⑤ 从挂钩上取下夹持器,把试样装好并挂上张力夹,松开下夹持器,将上夹持器挂上,待试样进入下夹持器后夹紧。

⑥ 按“启动”键,开始测试。从经过调湿平衡的样品中随机取出测试纤维,铺放于绒板上;用镊子随机从待测试样中取出一根纤维,用张力夹夹持纤维一端,将纤维置于仪器的夹持器内,保证纤维沿着轴向伸直。试样测试时纤维断裂在钳口(纤维断裂时看不出断裂端)的纤维根数应小于测试根数的 10%,在结果中剔除这些数据并补测;若大于 10%,应检查夹持器是否异常,排除故障后重测。

⑦ 一个试样完成测试后按“打印”键,输出测试结果。

⑧ 测试结束后，关机并取下上夹持器。

四、任务评价

在教师的指导下，学生用电子单纤维强力仪检测化学纤维试样的强伸度，并填写检测报告单；然后以小组为单位，对检测结果进行互评；最后由教师点评，给出完成本任务的成绩。

化学短纤维强度检测报告单

测试人员________ 温湿度________

样品编号________ 测试日期________

试样	断裂强力(CN)	断裂伸长率/%	试样	断裂强力(CN)	断裂伸长率/%
1			11		
2			12		
3			13		
4			14		
5			15		
6			16		
7			17		
8			18		
9			19		
10			20		
平均断裂强力(cN)			平均断裂伸长率/%		

任务二 化学短纤维线密度检验

一、任务目标

理解化学纤维线密度含义，能按要求对化学纤维试样的线密度进行检测，并出具检测报告单。

二、知识准备

化学纤维由机械加工制得(短纤维一般为等长纤维)，其长度方向任何一段的线密度基本相同，依据国家标准 GB 6100—2007《棉纤维线密度试验方法　中段称重法》，可采用中段称重法检验，中段切断长度：黏胶纤维，10 mm；其他棉型、中长型化学纤维，20 mm；毛型化学纤维，30 mm；检测原理和检测方法和前文所述棉纤维细度检测相同，这里不再详述。

三、任务评价

在教师的指导下，学生用中段切断称重法检测化学纤维试样的线密度，并填写检测报告单；然后以小组为单位，对检测结果进行互评；最后由教师点评，给出本任务的成绩。

化学短纤维线密度检测报告单

测试人员			品　种		
样品编号			温湿度		
批样来源			测试日期		
测试内容/次数	第一次	第二次	第三次	第四次	平均
纤维束中段质量(mg)					
纤维束纤维根数(根)					
纤维平均线密度					

任务三　化学短纤维长度检测

一、任务目标

掌握中段切断称重法测定纤维长度的方法，能按要求对化学短纤维试样的长度进行检测，并出具检测报告单。

二、知识准备

化学短纤维是指化学切断纤维，其长度一般较为整齐，因此可采用中段切断称重法检测。

三、任务实施

1. 检测器具

Y171 型纤维切断器(黏胶纤维用 10 mm，其他棉型、中长型纤维用 20 mm，毛型纤维用 30 mm)，天平。

2. 试样准备

在经过调湿处理的试样中，随机取出一束纤维，棉型化纤可取样 30～40 mg，中长型化纤可取 50～70 mg，毛型化纤可取 100～150 mg；纤维数量为 4 000～5 000 根。

3. 检测步骤

① 试样经整理后，在限制器绒板上排成一端整齐、宽约 10 mm 的纤维束，并梳去游离纤维。

② 将梳下的纤维加以整理，长于短纤维界限的纤维仍归入纤维束。短纤维排在绒板上，测量最短纤维长度，并在扭力天平上称重。

③ 整理纤维束时，将超长纤维取出称重后，仍并入纤维束。短纤维和超长纤维的界限规定见表 2-20。

表 2-20　短纤维和超长纤维的界限

名义长度	超长纤维界限	短纤维界限
50 mm 以下	名义长度+7 mm	20 mm
51 mm 以上	名义长度+10 mm	30 mm

④ 将纤维束放在切断器上，切取中段纤维。切取时纤维束整齐一端距离切断器刀口约10 mm，保持纤维束平直且与刀口垂直。

⑤ 将切取的中段及两端纤维分别称重(黏胶纤维及富强纤维等回潮率较高的纤维，称重前须经调湿平衡约 1 h)。

4. 试验结果

$$\text{平均长度}\ \bar{L}(\text{mm}) = \frac{G}{\frac{2G_t}{L_t + L_{ts}} + \frac{G_c}{L_c}} \tag{2-33}$$

$$\text{超长纤维率} = \frac{G_0}{G} \times 100\% \tag{2-34}$$

$$\text{短纤维率} = \frac{G_t}{G} \times 100\% \tag{2-35}$$

式中：G——纤维总质量，$G=G_0+G_c+G_t+G_p$，mg；

L_{ts}——最短纤维长度，mm；

G_c——中段纤维质量，mg；

G_t——短纤维质量，mg；

L_c——中段纤维长度，mm；

L_t——短纤维界限，mm；

G_0——超长纤维质量，mg；

G_p——两端纤维质量，mg。

如计算平均长度，不包括超长纤维及短纤维时，$\bar{L}$ 可用下式计算：

$$\bar{L}(\text{mm}) = \frac{L_c \times (G_c + G_p)}{G_c} \times L \tag{2-36}$$

四、任务评价

在教师的指导下，学生用中段切断称重法检测化学纤维试样的长度，并填写检测报告单；然后以小组为单位，对检测结果进行互评；最后由教师点评，给出完成本任务的成绩。

化学短纤维长度检测报告单

试样编号 ________________　　　　检验人员(小组) ________________

检测日期________________　　　　温　湿　度________________

最短纤维长度(mm)	短纤维质量(mg)	超长纤维质量(mg)	中段纤维质量(mg)	两端纤维质量(mg)	总质量(mg)
平均长度(mm)		超长纤维率(%)		短纤维率(%)	

任务四　化学短纤维品质评定

化学短纤维的品质评定和化学纤维的比电阻、卷曲性能、含油率和疵点检测为本子项目的拓展训练项目，具体由各组组长负责，人人参与，制订工作计划（其相关标准及检测方法、操作规程、操作录像等），完成任务，提交报告。

子项目六　纺织纤维的鉴别

纤维种类及其含量是标志纺织品品质的重要内容之一，也是消费者购买纺织品时的关注点。因此在纺织生产管理或产品分析时，常常要对纤维材料进行鉴别；若是混纺产品，则须进一步分析其混纺百分比。前者是定性分析，后者是定量分析。通常必须先做出定性分析，根据所鉴别出的纤维种类，再进行定量分析。

所鉴别的纤维有呈散纤维状态的，也有各道工序生产的半制品或成品。因此，对纺织材料进行系统鉴别是一项非常重要而复杂的工作。纤维鉴别是根据纤维的外观形态或内在的化学和物理性能的差异来进行的。鉴别步骤是先判断纤维的大类，如区别天然纤维素纤维、天然蛋白质纤维和化学纤维，再具体分出品种，然后做最后验证。常用的鉴别方法有手感目测法、显微镜观测法、燃烧法和化学溶解法等。

任务一　手感目测法鉴别纺织纤维

一、任务目标

掌握各种纺织纤维的外观特征，能按要求采用手感目测法对多种纤维试样区分纤维类别，并出具检测报告单。

二、知识准备

手感目测法是根据纤维的外观形态、色泽、手感及弹性等特征来区分纤维类别。此法适用于呈散纤维状态的纺织原料。天然纤维中，棉、麻、毛属于短纤维，它们的纤维长短差异很大，长度整齐度也差。棉纤维比苎麻纤维和其他麻类的工艺纤维、毛纤维均短而细，常附有各种棉籽壳等细小杂质；麻纤维手感较粗硬，有凉爽感；羊毛纤维卷曲而富有弹性，手感柔软、滑糯、温暖；蚕丝是长丝，长而纤细，手感滑软，具有特殊的光泽。因此，呈散纤维状态的棉、麻、毛、丝很容易区分。化学纤维的长度、细度都较均匀，无杂质，光泽强，只有黏胶纤维的干、湿态强力差异大，氨纶丝则具有非常大的弹性。利用这些特征，就可将它们区别开来。而其他化学纤维，其外观特征较为相似，用手感目测法难以区分。

三、任务实施

把待检样品分别排放在照度良好的北光检测室内的工作台上，学生以小组为单位，分别用手、眼、耳、鼻等感觉器官，来感知纤维的外观形态、色泽、手感及弹性等特征。着重用眼睛反复观察对比，用手拉扯、抓捏、压放，确定样品的纤维类型和品种，将鉴别结果填入报告单。

几种常见纤维的手感目测特征如表 2-21 所示。

表 2-21　几种常见纤维的手感目测特征

纤维名称	手　感	目　测
棉	柔软、干爽	粗细不匀、柔软、长度较短、有卷曲
苎麻、亚麻	凉爽、坚韧、硬挺	粗硬
蚕丝	挺爽、光滑	纤细长丝、光泽明亮柔和
羊毛	温暖、有弹性	粗细不匀、有卷曲
涤纶	凉感、有弹性、光滑、滑溜	色泽淡雅
锦纶	凉感、有弹性、光滑、滑溜	色泽鲜艳
丙纶	有弹性、光滑、蜡状感	色泽差
腈纶	有弹性、光滑、干爽	人造毛感强

四、任务评价

在教师的指导下，学生对八种未知纤维试样用手感目测法进行鉴别，并填写检测报告单；然后以小组为单位，对检测结果进行互评；最后由教师点评，给出完成本任务的成绩。

手感目测法检测结果记录与分析报告单

测试人员＿＿＿＿＿＿＿＿　　　　检测日期＿＿＿＿＿＿＿＿

试样编号	手　感	目　测	结　论
001			
002			
003			
004			
005			
006			
007			
008			

任务二　燃烧法鉴别纺织纤维

一、任务目标

能按要求采用燃烧法对多种纤维试样区分纤维类别，并出具检测报告单。

二、知识准备

燃烧法是鉴别纺织纤维的一种快速而简便的方法，尤其适合鉴别纱线和织物中的纤维。此法是根据纤维的化学组成及燃烧特征的不同，粗略地区分出纤维的大类，但很难获得确切的纤维品种。燃烧法特别适用于纤维的初步鉴别。通过燃烧，可将纤维大致分为蛋白质纤维、纤维素纤维和合成纤维等几大类。对于合成纤维，还可根据纤维在靠近、接触和离开火焰等各个燃烧阶段的燃烧特征、气味及灰烬来判定其种类。

燃烧法适用于单一成分的纤维、纱线和织物，一般不适用于混纺的纤维、纱线和织物。此外，纤维或织物经过阻燃、抗菌或其他功能性整理，其燃烧特征也将发生变化，须予以注意。

三、任务实施

1. 场所要求

燃烧检测室，通风条件良好，工作台阻燃。

2. 检测器具

酒精灯、镊子、放大镜、剪刀等。

3. 检测方法

学生以小组为单位，在纺织实训中心标准书目或纺织品检测资源库中查阅燃烧法的相关标准（FZ/T 01057.2—2007《纺织纤维鉴别试验方法　第2部分：燃烧法》），以此为依据，在待检样品001～008号中分别取少量纤维用手捻成细束状，用镊子夹住放在火焰上燃烧，分别观察纤维的燃烧状态（纤维接近火焰、在火焰中、离开火焰时所产生的各种不同现象）和燃烧时产生的气味、熄灭后留下的灰烬等方面的特征，从而判别纤维种类（不能确切判断时，可结合显微镜法、化学溶解法等方法进行验证），将鉴别结果填入报告单。

几种常见纤维的燃烧特征如表2-22所示。

表2-22　几种常见纤维的燃烧特征

纤维名称	接近火焰	在火焰中	离开火焰	燃烧气味	残渣特征
棉、麻、黏胶	不熔、不缩	迅速燃烧	继续燃烧	烧纸味	细腻灰白色灰，灰烬少
Modal、Tencel、竹纤维	不熔、不缩	迅速燃烧	继续燃烧	烧纸味	灰黑色灰
蚕丝、羊毛	卷曲收缩	渐渐燃烧	不易延燃	烧毛发臭味	松脆黑灰
涤纶	卷曲熔化	先熔后烧，黄色火焰	继续燃烧	烧醋味，肉烧焦味	不规则黑色硬块
锦纶	收缩、熔融	先熔后烧，火焰小呈蓝色	有熔液滴下，熔滴为咖啡色，自熄	氨臭味	浅褐色硬块，不易捻碎
腈纶	收缩、微熔、发焦	熔融燃烧，火焰呈白色，明亮有力，有时略有黑烟	有发光小火花	辛辣味	有光泽黑色硬块，能捻碎
维纶	收缩、熔融	熔化，缓慢燃烧，火焰小，有黑烟	继续燃烧	特殊甜味	黑褐色硬块，能捻碎
丙纶	缓慢收缩	熔融燃烧，火焰明亮，呈黄色	很快地燃烧，有熔液滴下，熔滴为乳白色	轻微的沥青味	黑色硬块，能捻碎
氯纶	收缩	熔融燃烧，有大量黑烟	自熄	带有氯化氢臭味	不规则黑色硬块
大豆纤维	收缩	熔融燃烧，有黑烟	继续燃烧	烧毛发臭味	松脆黑灰微量硬块
牛奶蛋白纤维	收缩、微熔	逐渐燃烧	不易燃烧	烧毛发臭味	黑色硬块不易碎
甲壳素纤维	不熔、不缩	迅速燃烧，保持原圈束状	继续燃烧	轻度烧毛发臭味	黑色至灰白色块状，易碎

四、任务评价

在教师的指导下，学生对八种未知纤维试样用燃烧法进行鉴别，并填写检测报告单；然后以小组为单位，对检测结果进行互评；最后由教师点评，给出完成本任务的成绩。

燃烧法检测结果记录与分析报告单

测试人员______________ 检测日期______________

试样编号	燃烧特征描述					结论
	接近火焰	在火焰中	离开火焰	燃烧气味	残渣特征	
001						
002						
003						
004						
005						
006						
007						
008						

任务三 显微镜观察法鉴别纺织纤维

一、任务目标

能按要求采用显微镜观察法对多种纤维试样区分纤维类别，并出具检测报告单。

二、知识准备

显微镜观察法是借助放大500～600倍的显微镜，观察纤维纵向和截面形态来识别纤维。天然纤维有其独特的形态特征，如羊毛的鳞片、棉纤维的天然转曲、麻纤维的横节竖纹、蚕丝的三角形截面等，故天然纤维的品种较易区分。化学纤维中，黏胶截面为带锯齿边的圆形，有皮芯结构，可与其他纤维相区别。但截面呈圆形的化学纤维，如涤纶、腈纶、锦纶等，在显微镜中就无法确切区别，只能借助其他方法加以鉴别。由于化学纤维的飞速发展，异形纤维种类繁多，在显微镜观测时必须特别注意，以防混淆。所以，用显微镜对纤维进行初步鉴别后，须进一步验证。复合纤维、混抽纤维等，由于纤维中具有两种以上的不同成分或组分，利用显微镜观察，配合切片和染色等手段，可以先确定是双组分、多组分或混抽纤维，再用其他方法进一步鉴别。

三、任务实施

1. 检测器具

生物显微镜、哈氏切片器、载玻片、盖玻片、刀片、玻璃棒、火棉胶、石蜡油、小螺丝刀、镊子、黑绒板、挑针等。

2. 检测方法

学生以小组为单位，根据显微镜法的相关标准(FZ/T 01057.3—2007《纺织纤维鉴别试验

方法　第3部分:显微镜法》),在待检样品001～010号中分别取一定量的纤维,制成切片后放在显微镜下观察其纵向形态特征和横截面形态特征,然后根据表2-23和图2-26中常见纤维的结构形态鉴别纤维品种(注意:表面形态相同的合成纤维不能用显微镜法加以区分),将鉴别结果填入报告单。

表2-23　常见纤维的纵向和截面形态特征

纤维种类	纵向形态	横截面形态
棉	扁平带状,有天然转曲	腰圆形,有中腔
苎麻	横节竖纹	腰圆形,有中腔,有放射状裂纹
亚麻	横节竖纹	多角形,中腔较小
黄麻	横节竖纹	多角形,中腔较大
大麻	横节竖纹	不规则圆形或多角形,内腔呈线形、椭圆形、扁平形
绵羊毛	鳞片大多呈环状或瓦状	近似圆形或椭圆形,有的有毛髓
山羊绒	鳞片大多呈环状,边缘光滑,间距较大,张角较小	多为较规则的圆形
兔毛	鳞片大多呈斜条状,有单列或多列毛髓	绒毛为非圆形,有一个髓腔;粗毛为腰圆形,有多个髓腔
桑蚕丝	平滑	不规则三角形
柞蚕丝	平滑	扁平的不规则三角形,内部有毛细孔
黏胶纤维	多根沟槽	锯齿形,有皮芯结构
醋酯纤维	1～2根沟槽	梅花形
腈纶	平滑或1～2根沟槽	圆形或哑铃形
维纶	1～2根沟槽	腰圆形,有皮芯结构
氨纶	表面暗深、不清晰骨形条纹	不规则,有圆形、蚕豆形等
氯纶	平滑	近似圆形
涤纶、锦纶、丙纶等	平滑	圆形

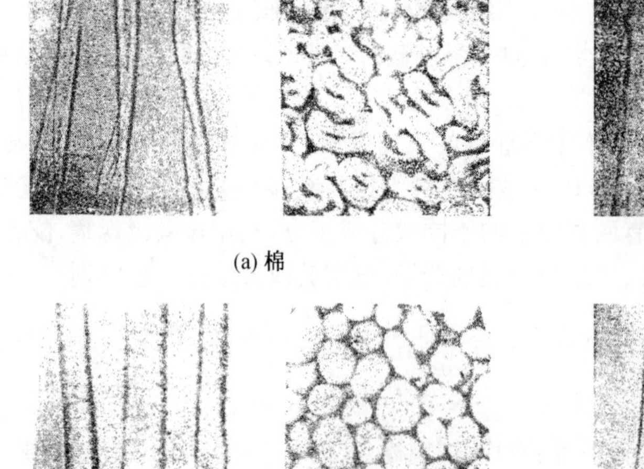

(a) 棉

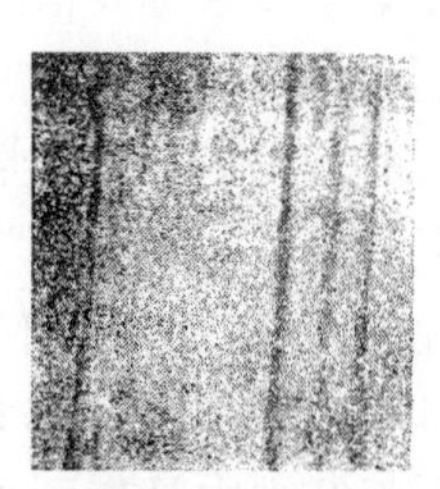

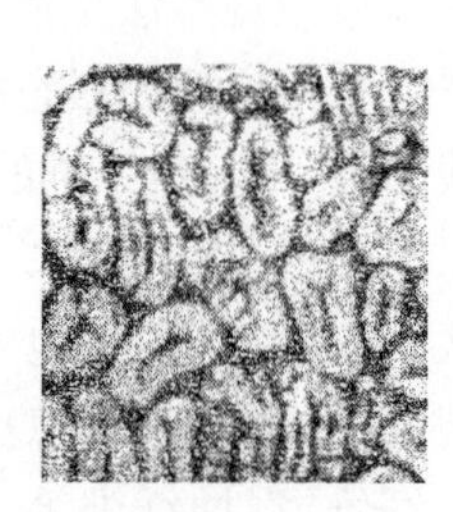

(b) 苎麻

(c) 羊毛

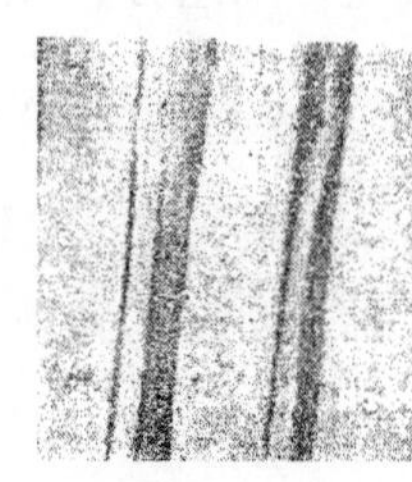

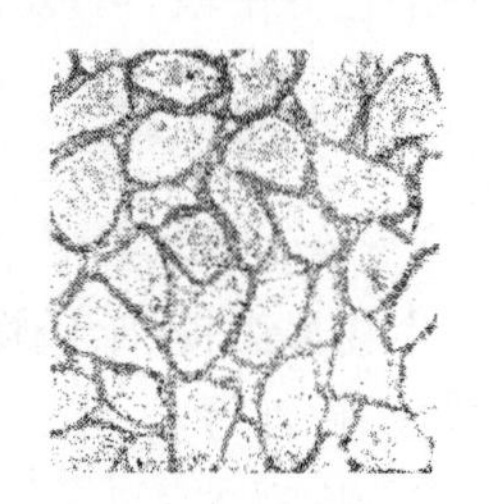

(d) 桑蚕丝

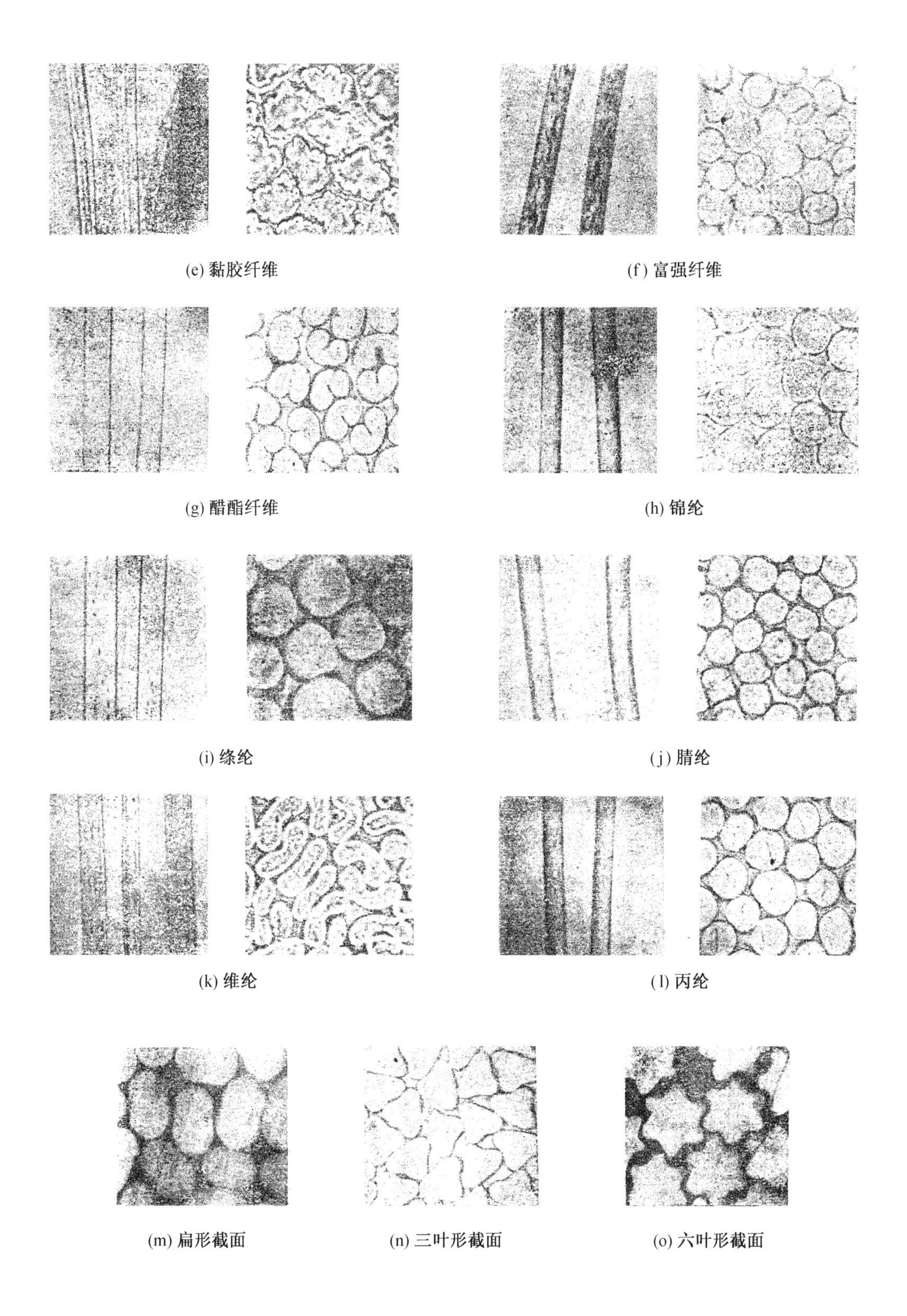

(e) 黏胶纤维

(f) 富强纤维

(g) 醋酯纤维

(h) 锦纶

(i) 涤纶

(j) 腈纶

(k) 维纶

(l) 丙纶

(m) 扁形截面

(n) 三叶形截面

(o) 六叶形截面

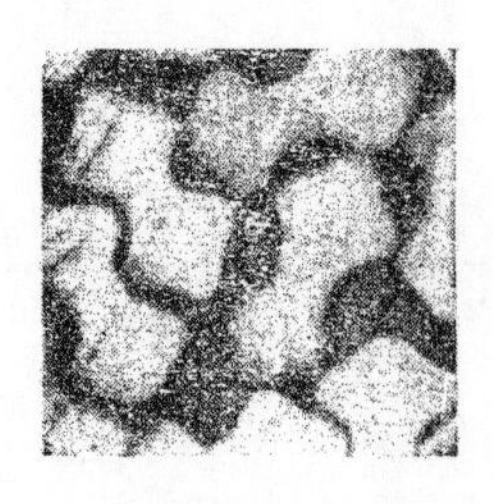 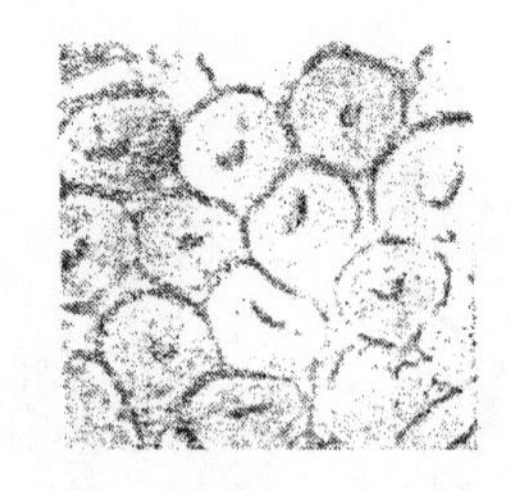 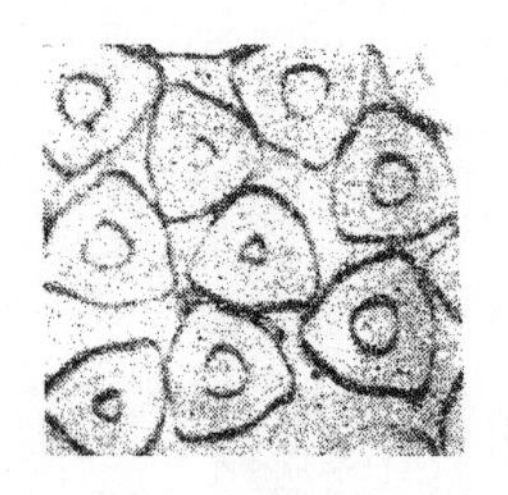

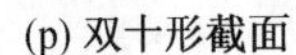

(p) 双十形截面　　(q) 偏态肾形截面　　(r) 三叶中空截面

图 2-26　几种常见纤维的纵向和横截面形态

四、任务评价

在教师的指导下，学生对八种未知纤维试样用显微镜观察法进行鉴别，并填写检测报告单；然后以小组为单位，对检测结果进行互评；最后由教师点评，给出完成本任务的成绩。

显微镜观察法检测结果记录与分析报告单

测试人员________________　　　　检测日期________________

试样编号	纵向形态		横截面形态		结论
	图形	描述	图形	描述	
001					
002					
003					
004					
005					
006					
007					
008					
009					
010					

任务四　药品着色法鉴别纺织纤维

一、任务目标

能按要求采用药品着色法对多种纤维试样区分纤维类别，并出具检测报告单。

二、知识准备

药品着色法是根据化学组成不同的各种纤维对某种化学药品的不同着色性能，来鉴别纤维的品种，适用于未染色纤维、纯纺纱线和纯纺织物。试样制备时，散纤维应不少于 0.5 g，纱线试样不短于 10 cm，织物试样不小于 1 cm^2。进行着色试验时，首先将纤维试样浸入热水浴中轻轻搅拌 10 min,使其浸透;然后将浸透的试样放入煮沸的着色剂中煮沸 1 min,立即取出,用水充分冲洗、晾干;最后将着色后的试样与已知纤维的着色情况及标准色卡对照比较,鉴别试样类别。

鉴别纤维的着色剂有多种,常用的有碘-碘化钾溶液和 1 号着色剂两种。

(1) 碘-碘化钾溶液

将碘 20 g 溶解于 100 mL 的碘化钾饱和溶液中,把纤维浸入溶液中 0.5～1 min,取出后用水洗净,根据着色不同,判别纤维品种。

(2) 1 号着色剂

配方为：　分散黄 SE-6 gFL　3.0 g
阳离子红 X-GFL　2.0 g
直接耐晒蓝 B2RL　8.0 g
蒸馏水　1 000 g

使用时将配好的原液稀释 5 倍。

三、任务实施

1. 场所要求

化学分析室,通风条件良好。

2. 检测器具

酒精灯、烧杯、试管、试管夹、玻璃棒、表面皿、镊子等。

3. 鉴别方法

学生以小组为单位,依据药品着色法法的相关标准(FZ/T 01057.7—2007),在待检样品 001～010 号中分别取一定量的纤维,用着色剂进行着色,根据表 2-24 给出的几种纺织纤维的着色反应,进行着色分析,将结果填入报告单。

表 2-24　几种纺织纤维的着色反应

纤维种类	碘-碘化钾溶液	1 号着色剂
天然纤维素纤维	不染色	蓝色
蛋白质纤维	淡黄	棕色
黏胶纤维	黑蓝青	
醋酯纤维	黄褐	橘色
聚酯纤维	不染色	黄色
聚酰胺纤维	黑褐	绿色
聚丙烯腈纤维	褐色	红色
聚丙烯纤维	不染色	

四、任务评价

在教师的指导下,学生对 10 种未知纤维试样用药品着色法进行鉴别,并填写检测报告单;然后以小组为单位,对检测结果进行互评;最后由教师点评,给出完成本任务的成绩。

药品着色法检测结果记录与分析报告单

测试人员________________　　检测日期________________

试样序号	结果描述		结果
	着色后实物试样	着色描述	
001			
002			
003			
004			
005			
006			
007			
008			
009			
010			

任务五 化学溶解法鉴别纺织纤维

一、任务目标

能按要求采用化学溶解法对多种纤维试样区分纤维类别，并出具检测报告单。

二、知识准备

化学溶解法根据各种纤维的化学组成不同，在各种化学溶液中的溶解性能不同来鉴别纤维。此法适用于各种纺织材料，包括已染色的和混纺的纤维、纱线和织物。必须注意，纤维的溶解性能不仅与溶液的种类有关，而且与溶液的浓度、溶解时的温度和作用时间、条件等都有关系。因此，具体测定时，必须严格控制试验条件，按规定进行试验，其结果方能可靠。

三、任务实施

1. 工作场所

化学分析室，通风条件良好，工作台耐酸碱。

2. 检测器具

酒精灯、烧杯、试管、试管夹、玻璃棒、表面皿、真空泵、锥形瓶、苷锅、水浴锅等，以及盐酸、硫酸、氢氧化钠、甲酸、间甲酚、二甲基甲酰胺等化学试剂。

3. 检测方法

(1) 纤维定性鉴别

学生以小组为单位，依据化学溶解法的相关标准 FZ/T 01057.4—2007《纺织纤维鉴别试验方法　第4部分：溶解法》，在待检样品 001～010 号中分别取一定量的纤维，根据表 2-25 所示的几种常见纤维的化学溶解性能，选择适当的化学试剂溶解纤维试样后进行溶解分析，将结果填入分析报告单。

表 2-25　几种常见纤维的化学溶解性能

纤维品种	化学试剂(除氢氧化钠煮沸外,其他试剂都是在 24～30 ℃温度条件下的结果)					
	37%盐酸	75%硫酸	5%氢氧化钠	85%甲酸	间甲酚(M-甲酚)	99%二甲基甲酰胺
棉、麻	I	S	I	I	I	I
黏胶纤维、铜氨纤维	S	S	I	I	I	I
竹纤维、Tencel	P	P	I	I	I	I
Modal	S_0	S_0	I	I	I	I
醋酯纤维	S	S	P	S	S	I
羊毛	I	I	S	I	I	I
蚕丝	S	S	S	I	I	I
大豆纤维	P	P	I	膨润	I	I
牛奶纤维	I	I	膨润	I	I	I
甲壳素纤维	I	P	S	I	I	I
涤纶	I	I	I	I	I	I
锦纶	S	S	I	S	S	I
腈纶	I	I	I	I	I	I
维纶	S	S	I	S	S	I
丙纶	I	I	I	I	I	I
氯纶	I	I	I	I	I	I

注:S_0——立即溶解;S——溶解;I——不溶解;P——部分溶解。

(2) 混纺产品混比定量检测

对于混纺产品,先定性鉴别纤维品种,然后定量分析混比。

① 双组分纤维混纺含量的测定:测定双组分纤维混纺含量的方法很多,以化学法为主。此外,还有密度法、显微镜法、染色法等。

化学法的原理是将经过预处理的试样,用一种适当的溶剂溶去一种纤维,再将剩余(未溶)纤维烘干、称重,计算未溶纤维的净干含量百分率。化学法不适用于某些属于同一类别的纤维混纺产品,如麻/棉、羊毛/兔毛等。

显微镜法是用于测定同一类别的纤维混纺产品,如麻/棉、羊毛/兔毛等混纺比的主要方法。利用纤维细度综合分析仪,按 GB/T 16988—2013《特种动物纤维与绵羊毛混合物含量的测定》、FZ/T 30003—2009《麻棉混纺产品定量分析方法　纤维投影法》等标准进行测定。麻/棉混纺产品的纤维含量也可用染色法测定。

a. 棉与涤纶(或丙纶)混纺产品的化学法定量分析:

● 检测原理:用 75%硫酸溶解棉,剩下涤纶或丙纶,使两种纤维分离。

● 化学试剂:75%硫酸(取浓硫酸 1 000 mL,缓缓加入 570 mL 蒸馏水中,冷却);稀氨溶液(取氨水 80 mL,倒入 920 mL 蒸馏水中,混合均匀)。

● 预处理:取试样 5 g 左右,用石油醚和水萃取(去除非纤维物质)。将试样放在索氏萃取器中，用石油醚萃取 1 h(至少循环 6 次)，待石油醚挥发后，试样先在冷水中浸泡 1 h，再在 65 ℃±5 ℃的水中浸泡(100 mL 水/1 g 试样)，并搅拌，1 h 后，挤干、抽吸、晾干。

● 溶解操作：取经过预处理的试样至少 1 g，将其剪成适当长度，放在已知质量的称量瓶内，用快速八篮烘箱(温度 105 ℃±3 ℃)或红外线将其烘至恒重，记录质量。将试样放入带塞三角烧瓶中，每克试样加入 100 mL 75%硫酸，搅拌浸湿试样，并摇动烧瓶(温度 40～45 ℃)；棉纤维充分溶解 30 min 后，用已知质量的玻璃滤器过滤；将剩余的纤维用少量同温同浓度硫酸洗涤 3 次(洗时，用玻璃棒搅拌)，再用同温度的水洗涤 4～5 次，并用稀氨溶液中和 2 次，然后用水洗至用指示剂检查呈中性为止。以上每次洗后都需用真空抽吸排液。

● 烘干、称重，计算结果。

b. 羊毛与棉(或亚麻、苎麻、黏纤、腈纶、涤纶、锦纶、丙纶)混纺产品的化学法定量分析：

● 检测原理：用 2.5%氢氧化钠溶解羊毛，分别剩余棉、苎麻、黏纤、维纶、腈纶、涤纶、锦纶或丙纶，使两种纤维分离。

● 化学试剂：2.5%氢氧化钠溶液(取固体氢氧化钠 25.7 g，加水 975 mL 摇匀)；稀醋酸溶液(取 5 mL 冰醋酸，加蒸馏水稀释至 1 000 mL)。

● 预处理：同上。

● 溶解操作：取经过预处理的试样至少 1 g，将其剪成适当长度，放在已知质量的称量瓶内，用快速八篮烘箱(温度 105 ℃±3 ℃)或红外线将其烘至恒重，记录质量。将试样放入三角烧瓶中，每克试样加入 2.5%氢氧化钠溶液 100 mL，在沸腾水浴上搅拌；羊毛充分溶解 20 min 后，用已知质量的玻璃滤器过滤；将剩余的纤维用同温同浓度的氢氧化钠溶液洗涤 2～3 次，再用 40～50 ℃水洗 3 次，用稀醋酸溶液中和，然后水洗至用指示剂检查呈中性为止。以上每次洗后都需用真空抽吸排液。

● 烘干、称重，计算结果。

② 三组分纤维混纺产品的定量分析：三组分纤维混纺产品有四种溶解方案。

a. 取两个试样，第一个试样将 a 纤维溶解，第二个试样将 b 纤维溶解，分别对未溶部分称重，从第一个试样的溶解失重，得到 a 纤维的质量，算出百分比；从第二个试样的溶解失重，得到 b 纤维的质量，算出百分比；c 纤维的百分比可以从差值中求出。

b. 取两个试样，第一个试样将 a 纤维溶解，第二个试样将 a 纤维和 b 纤维溶解。对第一个试样的未溶残渣称重，根据其溶解失重，得到 a 纤维的质量，算出百分比；称出第二个试样的未溶残渣，即 c 纤维的质量，算出百分比；b 纤维的百分比可以从差值中求出。

c. 取两个试样，将第一个试样中的 a 纤维和 b 纤维溶解，第二个试样中将 b 纤维和 c 纤维溶解，则未溶残渣分别为 a 纤维和 c 纤维。利用上述计算方法可得所有纤维混纺比。

d. 取一个试样，先将其中一个组分(a 纤维)溶解去除，则未溶残渣为另外两个组分(b 纤维、c 纤维)。称重后，根据溶解失重，可算出溶解组分(a 纤维)的百分比。再将残渣中的一种组分溶解(b 纤维)，称出未溶部分，根据溶解失重，可得第二种溶解组分(b 纤维)的质量，从而可算得所有纤维的混纺比。

四、任务评价

在教师的指导下，学生对 10 种未知纤维试样用化学溶解法进行鉴别，并填写检测报告单；然后以小组为单位，对检测结果进行互评；最后由教师点评，给出完成本任务的成绩。

化学溶解法检测结果记录与分析报告单

测试人员________ 检测日期________

试样编号	化学试剂						结果
	37% 盐酸	75% 硫酸	5% 氢氧化钠	85% 甲酸	间甲酚 (M-甲酚)	99%二甲 基甲酰胺	
001							
002							
003							
004							
005							
006							
007							
008							
009							
010							
备注							

任务六 纺织纤维的系统鉴别

一、任务目标

能按要求采用系统鉴别法对多种纤维试样准确鉴别出纤维的类别，并出具检测分析报告单。

二、知识准备

对于一些常见的纤维品种，一般采用前述鉴别方法，加以适当的组合，基本上就能解决问题。但是纺织纤维的新品种越来越多，纤维的鉴别工作也越来越复杂。一般应根据具体条件，选择适当的方法，由简到繁，范围由大到小，同时用几种方法最后证实，才能准确无误地将纤维鉴别出来。有时，试样数量有限，要尽可能低耗、快速、少走弯路。在实际工作中，往往不能仅用一种方法，必须合理地综合运用几种方法，系统地加以分析，因此需要组合一套系统合理的鉴别程序才能准确鉴别。这就是系统鉴别法。

三、任务实施

1. 检测器具

上述各种鉴别方法中需用的仪器和用具。

2. 检测方法

先将未知纤维稍加整理，如果不属弹性纤维，可采用燃烧法将纤维初步分成纤维素纤维、蛋白质纤维和合成纤维三大类。纤维素纤维和蛋白质纤维有各自不同的形态特征，用显微镜法就可鉴别。合成纤维一般采用溶解法加以鉴别。试验时可参照图 2-27 进行。

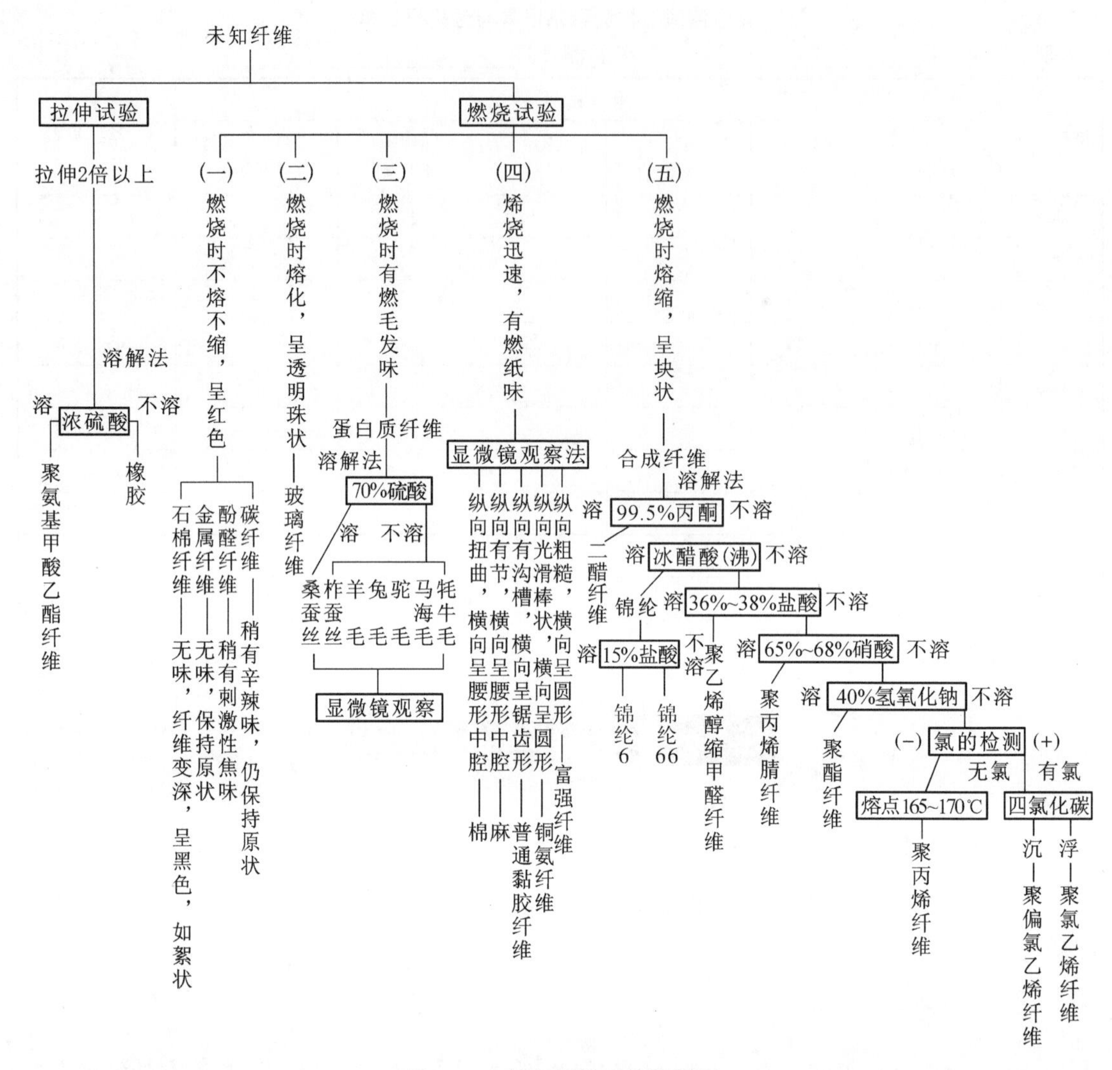

图 2-27　纺织纤维系统鉴别图

四、任务评价

在教师的指导下，学生对 10 种未知纤维试样用系统鉴别法进行鉴别，并填写检测报告单；然后以小组为单位，对检测结果进行互评；最后由教师点评，给出完成本任务的成绩。

系统鉴别法检测结果记录与分析报告单

测试人员________________　　　　　　　　检测日期________________

试样序号	系统鉴别法特征描述	结　果
001		
002		
003		
004		

（续　表）

试样序号	系统鉴别法特征描述	结　果
005		
006		
007		
008		
009		
010		

【思考题】

1. 常用纺织纤维鉴别方法有哪几种？各有何特点？
2. 阐述棉与涤纶混纺产品的定量分析方法。
3. 阐述棉与羊毛混纺产品的定量分析方法。
4. 阐述三组分纤维混纺产品的定量分析方法。
5. 试比较四种天然纤维的形态特征。
6. 燃烧法鉴别纺织纤维有何优缺点？

项目三

纱线质量检测

知识目标:掌握纱线的分类及各种纱线的品质评定依据。

能力目标:会检测纱线各项质量指标性能,能根据检测结果和纱线质量评定依据对纱线进行评等。

纱线的质量通常包括内在质量和外观质量两个方面。纱线的质量检测主要根据内在质量和外观质量对纱线进行品等评定,即将纱线分为优等、一等和二等品,不仅能考核纺纱企业的质量水平,还能充分体现和贯彻纱线商品"优质优价""优质优用"的基本原则。纱线的内在质量考核指标主要是纱线的强度及其长片段均匀度,外观质量考核的指标主要是纱线的短片段均匀度及纱线的疵点等。

子项目一　棉本色纱线的质量检测

根据国家标准 GB/T 398—2008《棉本色纱线》规定,棉本色纱线的品等分为优等、一等、二等,低于二等指标者作三等。普通梳棉纱、精梳棉纱的技术要求具体见表 3-1 和表 3-2,棉本色纱的品等评定指标有单纱断裂强力变异系数、百米质量变异系数、单纱断裂强度、百米质量偏差、条干均匀度、一克内棉结粒数、一克内棉结杂质总粒数和十万米纱疵八项指标,其中二等纱和三等纱不评定十万米纱疵。八项指标按技术要求逐一评出等别,纱的品等以八项中的最低项定等。棉本色线的品等由单线断裂强力变异系数、百米质量变异系数、单线断裂强度、百米质量偏差、一克内棉结粒数和一克内棉结杂质总粒数六项中最低的一项品等评定,其中条干均匀度检测可以由生产厂家选用黑板条干均匀度 10 块板比例或条干均匀度变异系数 *CV*(%)两者中的任何一种;但一经确定,不得任意变更,发生质量争议时,以条干均匀度变异系数 *CV*(%)为准。

表 3-1　梳棉纱的技术要求

线密度[tex(英制支数)]	等别	单纱断裂强力变异系数 CV% ≤	百米质量变异系数 CV% ≤	单纱断裂强度(cN/tex) ≥	百米质量偏差 %	条干均匀度		一克内棉结粒数(粒/g) ≤	一克内棉结杂质总粒数(粒/g) ≤	实际捻系数(参考值)		十万米纱疵(个/10^5m) ≤
						黑板条干均匀度 10 块板比例(优：一：二：三)不低于	条干均匀度变异系数 CV% ≤			经纱	纬纱	
8～10(70～56)	优	10.0	2.2	15.6	±2.0	7：3：0：0	16.5	25	45	340～430	310～380	10
	一	13.0	3.5	13.6	±2.5	0：7：3：0	19.0	55	95			30
	二	16.0	4.5	10.6	±3.5	0：0：7：3	22.0	95	145			—
11～13(55～44)	优	9.5	2.2	15.6	±2.0	7：3：0：0	16.5	30	60	340～430	310～380	10
	一	12.5	3.5	13.6	±2.5	0：7：3：0	19.0	65	120			30
	二	15.5	4.5	10.6	±3.5	0：0：7：3	22.0	105	185			—
14～15(43～37)	优	9.5	2.2	15.6	±2.0	7：3：0：0	16.0	30	55	330～420	300～370	10
	一	12.5	3.5	13.6	±2.5	0：7：3：0	18.5	65	105			30
	二	15.5	4.5	10.6	±3.5	0：0：7：3	21.5	105	155			—
16～20(36～39)	优	9.0	2.2	15.6	±2.0	7：3：0：0	15.5	30	55	330～420	300～370	10
	一	12.0	3.5	13.6	±2.5	0：7：3：0	18.0	65	105			30
	二	15.0	4.5	10.6	±3.5	0：0：7：3	21.0	105	155			—
21～30(28～19)	优	8.5	2.2	15.6	±2.0	7：3：0：0	14.5	30	55	330～420	300～370	10
	一	11.5	3.5	13.6	±2.5	0：7：3：0	17.0	65	105			30
	二	14.5	4.5	10.6	±3.5	0：0：7：3	20.0	105	155			—
32～34(18～17)	优	8.0	2.2	15.6	±2.0	7：3：0：0	14.0	35	65	320～410	290～360	10
	一	11.0	3.5	13.6	±2.5	0：7：3：0	16.5	75	125			30
	二	14.5	4.5	10.6	±3.5	0：0：7：3	19.5	115	185			—
36～60(16～10)	优	7.5	2.2	15.6	±2.0	7：3：0：0	13.5	35	65	320～410	290～360	10
	一	10.5	3.5	13.6	±2.5	0：7：3：0	16.0	75	125			30
	二	14.0	4.5	10.6	±3.5	0：0：7：3	19.0	115	185			—
64～80(9～7)	优	7.0	2.2	15.6	±2.0	7：3：0：0	13.0	35	65	320～410	290～360	10
	一	10.0	3.5	13.6	±2.5	0：7：3：0	15.5	75	125			30
	二	13.5	4.5	10.6	±3.5	0：0：7：3	18.5	115	185			—
88～192(6～3)	优	6.5	2.2	15.6	±2.0	7：3：0：0	12.5	35	65	320～410	290～360	10
	一	9.5	3.5	13.6	±2.5	0：7：3：0	15.0	75	125			30
	二	13.0	4.5	10.6	±3.5	0：0：7：3	18.0	115	185			—

表 3-2　精梳棉纱的技术要求

线密度[tex(英制支数)]	等别	单纱断裂强力变异系数 CV% ≤	百米质量变异系数 CV% ≤	单纱断裂强度(cN/tex) ≥	百米质量偏差 %	条干均匀度		一克内棉结粒数(粒/g) ≤	一克内棉结杂质总粒数(粒/g) ≤	实际捻系数(参考值)		十万米纱疵(个/10^5m) ≤
						黑板条干均匀度 10 块板比例(优：一：二：三)不低于	条干均匀度变异系数 CV% ≤			经纱	纬纱	
4～4.5(150～131)	优	12.0	2.0	17.6	±2.0	7：3：0：0	16.5	20	25	340～430	310～360	5
	一	14.5	3.0	15.6	±2.5	0：7：3：0	19.0	45	55			20
	二	17.5	4.0	12.6	±3.5	0：0：7：3	22.0	70	85			—
5～5.5(130～111)	优	11.5	2.0	17.6	±2.0	7：3：0：0	16.5	20	25	340～430	310～360	5
	一	14.0	3.0	15.6	±2.5	0：7：3：0	19.0	45	55			20
	二	17.0	4.0	12.6	±3.5	0：0：7：3	22.0	70	85			—
6～6.5(110～91)	优	11.0	2.0	17.8	±2.0	7：3：0：0	15.5	20	25	330～400	300～350	5
	一	13.5	3.0	15.8	±2.5	0：7：3：0	18.0	45	55			20
	二	16.5	4.0	12.8	±3.5	0：0：7：3	21.0	70	85			—
7～7.5(90～71)	优	10.5	2.0	17.8	±2.0	7：3：0：0	15.0	20	25	330～400	300～350	5
	一	13.0	3.0	15.8	±2.5	0：7：3：0	17.5	45	55			20
	二	16.0	4.0	12.8	±3.5	0：0：7：3	20.5	70	85			—
8～10(70～56)	优	9.5	2.0	18.0	±2.0	7：3：0：0	14.5	20	25	330～400	300～350	5
	一	12.5	3.0	16.0	±2.5	0：7：3：0	17.0	45	55			20
	二	15.5	4.0	13.0	±3.5	0：0：7：3	19.5	70	85			—
11～13(55～44)	优	8.5	2.0	18.0	±2.0	7：3：0：0	14.0	15	20	330～400	300～350	5
	一	11.5	3.0	16.0	±2.5	0：7：3：0	16.0	35	45			20
	二	14.5	4.0	13.0	±3.5	0：0：7：3	18.5	55	75			—
14～15(43～37)	优	8.0	2.0	15.8	±2.0	7：3：0：0	13.5	15	20	330～400	300～350	5
	一	11.0	3.0	14.4	±2.5	0：7：3：0	15.5	35	45			20
	二	14.0	4.0	12.4	±3.5	0：0：7：3	18.0	55	75			—
16～20(36～29)	优	7.5	2.0	15.8	±2.0	7：3：0：0	13.0	15	20	320～290	290～340	5
	一	10.5	3.0	14.4	±2.5	0：7：3：0	15.0	35	45			20
	二	13.5	4.0	12.4	±3.5	0：0：7：3	17.5	55	75			—
21～30(28～19)	优	7.0	2.0	16.0	±2.0	7：3：0：0	12.5	15	20	320～390	290～340	5
	一	10.0	3.0	14.6	±2.5	0：7：3：0	14.5	35	45			20
	二	13.0	4.0	12.6	±3.5	0：0：7：3	17.0	55	75			—
32～36(18～16)	优	6.5	2.0	16.0	±2.0	7：3：0：0	12.0	15	20	320～290	290～340	5
	一	9.5	3.0	14.6	±2.5	0：7：3：0	14.0	35	45			20
	二	12.5	4.0	12.6	±3.5	0：0：7：;3	16.5	55	75			—

纱线黑板条干均匀度、一克内棉结粒数、一克内棉结杂质总粒数、十万米纱疵检测采用筒子纱，其他各项指标的试验可采用管纱。用户对产品质量有异议，则以成品质量检验为准。百米质量变异系数和百米质量偏差试验取样和试验次数见表3-3。

表3-3 管纱取样数和试验次数

生产同一品种开台数	1	2	3	4	5	6	7	8～9	10	11～14	15	16～29	30及以上
每机台采取管纱数	30	5	10	7～8	6	5	4～5	3～4	3	2～3	2	1～2	1
每管纱取样数	1	1	1	1	1	1	1	1	1	1	1	1	1
全部机台试验次数	30	30	30	30	30	30	30	30	30	30	30	30	30

任务一 纱线百米质量变异系数和百米质量偏差的检测

一、任务目标

掌握棉本色纱线分等的依据和评定方法，能按要求对棉本色纱试样进行百米质量变异系数和百米质量偏差检测，根据国家标准规定评等，并出具检测分析报告单。

二、知识准备

纱线百米质量变异系数和百米质量偏差是衡量纱线粗细均匀程度的重要内在质量指标，不仅影响棉本色纱的等级，而且直接影响成纱的单强和单强不匀、细纱机断头率和生产效率，以及后工序（机织、针织）的生产效率和最终产品（机织物、针织物）的内在质量和外观。

按国家标准GB/T 4743—2009《纺织品 卷装纱 绞纱法线密度的测定》规定，将棉本色纱线用缕纱测长仪取得片段长度为100 m的绞纱30缕，分别称取30缕纱线的质量和烘干总质量，则可通过计算得到百米质量变异系数和百米质量偏差。

三、任务实施

1. 检测器具

YG086型缕纱测长仪（图3-1）、电子天平（精确到10 mg）、烘箱等。

2. 试样准备

取样并将试样放在试验用标准大气中24 h，进行调湿处理；从30个管纱中分别摇取30缕绞纱。

3. 参数调整

① 检查张力机构中张力秤的法码在零位时，指针是否对准面板上的刻线。

② 接通电源，检查空车运转是否正常。

③ 确定张力机构的摇纱张力：非变形纱和膨体纱为0.5 cN/tex±0.1 cN/tex；针织绒和粗纺毛纱为0.25 cN/tex±0.05 cN/tex；其他变形纱为1.0 cN/tex±0.2 cN/tex。

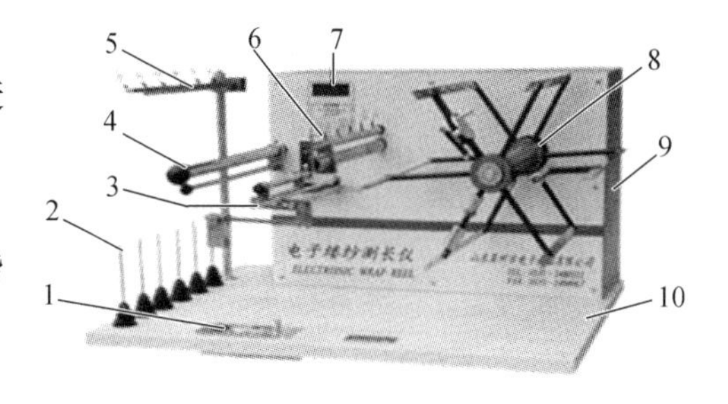

图3-1 YG086C型缕纱测长仪

1—控制机构（电源开关、启停开关、调速旋钮）；2—纱锭插座；3—张力机构；4—张力调节器；5—导纱器；6—排纱器；7—显示器；8—摇纱框；9—主机箱；10—仪器基座

④ 确定绞纱长度：线密度小于 12.5 tex，取 200 m；线密度为 12.5 tex～100 tex，取 100 m；线密度大于 100 tex，取 10 m。

4. 操作步骤

① 将管纱插在纱锭插座上。

② 将管纱上的纱线引入导纱器，经张力调节器、张力机构、排纱器，然后把纱线端头逐一扣在摇纱框夹纱片上（纱框应处在起始位置），注意将活动叶片拉起。

③ 将显示器中的计数定长调至绞纱长度规定圈数（100 圈）。将调速旋钮调在“200 r/min”上，使摇纱框转速为 200 r/min。

④ 计数器电子显示清零。

⑤ 接通电源，按下“启动”按钮，纱框旋转到 100 圈即自停。

⑥ 在摇纱框卷绕缕纱时，特别要注意张力秤上的指针是否指在面板刻线处，即卷绕时张力秤是否处于平衡状态。否则应先调整张力调整器，使指针指在刻线处附近，少量的调整可通过改变纱框转速来达到。卷绕过程中，指针会在刻线处上下少量波动。张力秤不处于平衡状态下摇的缕纱须作废。

⑦ 将绕好的各缕纱头尾打结接好，接头长度不超过 1 cm。

⑧ 将摇纱框上的活动叶片向内档落下，逐一取下各缕纱后，将其回复原位。

⑨ 重复上述动作，摇取第二批缕纱。

⑩ 操作完毕，切断电源。

⑪ 用天平逐缕称取缕纱质量（g），然后将全部缕纱在规定条件下用烘箱烘至恒定质量（即干燥质量）。若已知回潮率，可不用烘燥。

5. 结果计算

（1）百米质量变异系数

$$CV = \frac{1}{\overline{X}} \times \sqrt{\frac{\sum (X_i - \overline{X})^2}{n-1}} \times 100\% \tag{3-1}$$

式中：CV——百米质量变异系数，%；

n——绞纱数，绞（当 $n \geqslant 50$ 时，式中“$n-1$”应为“n”）；

X_i——第 i 绞纱的质量，g 或 mg；

$\overline{X}$——n 绞纱的平均质量，g 或 mg。

（2）百米质量偏差

$$\Delta N_t = \frac{N_{ta} - N_{ts}}{N_{ts}} \times 100\% = \frac{G_{0a} - G_{0s}}{G_{0s}} \times 100\% \tag{3-2}$$

式中：ΔN_t——线密度偏差或百米质量偏差，%；

N_{ta}——纱线实际线密度，$N_{ta} = \frac{G_{0z} \times (1 + W_k)}{30 \times 100} \times 1\,000$，tex；

N_{ts}——纱线设计线密度，tex；

G_{0z}——30 缕绞纱总干重，g 或 mg；

G_{0a}——100 m 纱线实际干燥质量，g 或 mg；

G_{0s}——100 m 纱线设计干燥质量，g 或 mg。

表 3-4　棉纱的公称线密度系列及其 100 m 的标准质量

线密度系列(tex)	标准干燥质量(g/100 m)	公定回潮率时的标准质量(g/100 m)	线密度系列(tex)	标准干燥质量(g/100 m)	公定回潮率时的标准质量(g/100 m)
4	0.369	0.400	26	2.396	2.600
4.5	0.415	0.450	27	2.488	2.700
5	0.461	0.500	28	2.581	2.800
5.5	0.507	0.550	29	2.673	2.900
6	0.553	0.600	30	2.765	3.000
6.5	0.599	0.650	32	2.949	3.200
7	0.645	0.700	34	3.134	3.400
7.5	0.691	0.750	36	3.318	3.600
8	0.737	0.800	38	3.502	3.800
8.5	0.783	0.850	40	3.687	4.000
9	0.829	0.900	42	3.871	4.200
9.5	0.876	0.950	44	4.055	4.400
10	0.922	1.000	46	4.240	4.600
11	1.014	1.100	48	4.424	4.800
12	1.106	1.200	50	4.608	5.000
13	1.198	1.300	52	4.793	5.200
14	1.290	1.400	54	4.977	5.400
(14.5)	1.336	1.450	56	5.161	5.600
15	1.382	1.500	58	5.346	5.800
16	1.475	1.600	60	5.530	6.000
17	1.567	1.700	64	5.899	6.400
18	1.659	1.800	68	6.267	6.800
19	1.751	1.900	72	6.636	7.200
(19.5)	1.797	1.950	76	7.005	7.600
20	1.843	2.000	80	7.373	8.000
21	1.935	2.100	88	8.111	8.800
22	2.028	2.200	96	8.848	9.600
23	2.120	2.300	120	11.060	12.000
24	2.212	2.400	144	13.272	14.400
25	2.304	2.500	192	17.696	19.200

四、任务评价

在教师的指导下，学生以小组为单位(人人参与)，按照标准规定，检测本色棉纱线试样的百米质量变异系数和百米质量偏差，并根据检测结果对纱线试样进行评等，填写检测报告单；

然后以小组为单位，对检测结果进行互评；最后由教师点评，给出完成本任务的成绩。

本色棉纱线百米质量变异系数等检测报告单

测试人员________________　　　　温湿度________________

纱线类别________________　　　　测试日期________________

序号	1	2	3	4	5	6	7	8	9	10	11	12	13	14	15
质量(g)															
序号	16	17	18	19	20	21	22	23	24	25	26	27	28	29	30
质量(g)															
总湿重 $G=$________________g，							总干重 $G=$__________ g								
百米质量变异系数 $CV\%=$________ %，							百米质量偏差=________________ %								
依据纱线百米质量以安阳系数等质量评定纱线等别：															

任务二　单纱断裂强度及断裂强力变异系数的检测

一、任务目标

能按要求检测棉本色纱线试样的断裂强力，对检测结果进行计算和处理，根据国家标准规定进行评等，并出具检测分析报告单。

二、知识准备

纱线断裂强力是指拉断纱线时所需的最大力值，单位为“N”或“cN”，又称绝对强力。纱线的强力大小与纱线的线密度有关，纱线越粗，其强力越高。不同线密度的纱线，其绝对强力值没有可比性。为了便于不同粗细纱线之间进行强力的比较，通常折算为“相对强力”，即单纱断裂强度，是指纱线单位粗细所承受的负荷，等于纱线断裂强力与其线密度之比，常用单位为“cN/tex”。

根据国家标准 GB/T 3916—1997《纺织品　卷装纱　单根纱线断裂强力和断裂伸长率的测定》的规定，采用 CRE 等速伸长型电子强力仪拉伸纱线试样直至断裂，得到断裂强力及变异系数、断裂伸长率及变异系数等指标。

三、任务实施

1. 检测器具

图 3-2 所示为 YG061F 型单纱强力仪，强力仪根据加负荷的方式有 CRE（等速伸长）、CRT（等速牵引）和 CRL（等速加负荷）类型三种，后两种基本被淘汰，但仍有使用。采用不同类型强力仪所得的测试值没有可比性，因此试验报告中应注明强力仪类型。

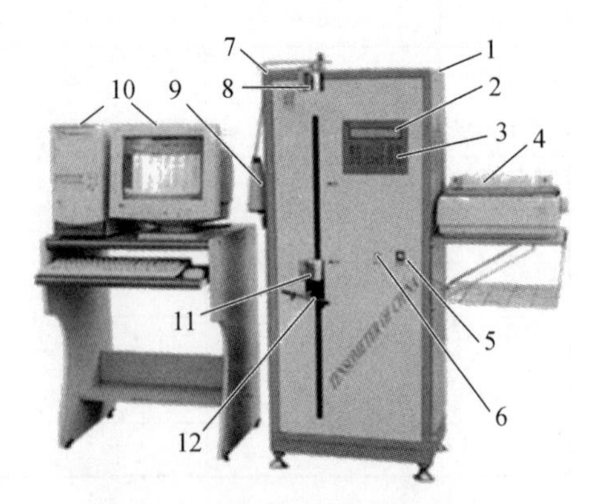

图 3-2　YG061F 型单纱强力仪

1—主机；2—显示屏；3—键盘；4—打印机；5—电源开关；6—拉伸开关；7—导纱器；8—上夹持器；9—纱管支架；10—电脑组件；11—下夹持器；12—预张力器

2. 试样准备

① 预调湿和调湿处理：将试样放置在温度不超过 50 ℃、相对湿度为 10%～25%的大气条件下(将标准大气条件下的空气加热至 50 ℃)最少 4 h，然后把试样放置在温度 20 ℃、相对湿度 65%的标准大气条件下最少 48 h(如果为绞纱，至少 8 h)。对于调湿时直接由吸湿过程进行的纱线可不进行预调湿处理。

② 试样数量：可与百米质量变异系数和百米质量偏差试验采用同一份试样。单纱每份试样取 30 个管纱，每管测试 2 次，共 60 次。

3. 参数调整

① 试样隔距长度：500 mm。

② 预加张力：0.5 cN/tex±0.2 cN/tex。

③ 拉伸速度：500 mm/min。

4. 检测步骤

① 开机，按键盘“设定”键，光标出现并闪动；按“清除”键，清除光标闪动处参数的原始数据值；按“0～9”及小数点“.”键，设置该试验条件参数；按“确认”键，确认设置数据。

② 按“左移”键或“右移”键，选择修改的参数，使光标停在该参数上，重复步骤(1)设置操作试验参数，直至所有参数设置完毕。设置试验条件参数为：试样试验次数(NUM)，试验数据统计数(JUN)，试样线密度(Tex)，试样长度(Sta)等。

③ 按“设定”键，光标跳至“功能”设置处，反复按“功能”键，轮换显示“FUN1　DS：10S/DS”(功能 1＃ 定时拉伸：10s)和“FUN2　20S/SPEED：500/字样”(功能 2＃ 定速拉伸 拉伸速度：500 mm/min)。当显示“FUN1　DS：10S/DS”时，光标在 10S 前闪动，可对定时时间参数进行设置；当显示“FUN2　20S/SPEED：500/”时，光标在 500/S 前闪动，可对定速参数进行设置。

④ 试验功能设置完毕，按“设定”键退出设定状态，光标消失。

⑤ 将纱线从纱管引出，经导纱器进入上夹持器，夹紧上夹持器，通过下夹持器，拉直(但不伸长)纱线，夹入张力杠杆，移动张力杠杆左右重锤调节预加张力，然后夹紧下夹持器。注意纱线从纱管引出后不能将纱线松开，以防退捻。

⑥ 按“实验”键进入试验状态，夹入试样，按“拉伸”键，仪器开始拉伸。若选用定时拉伸，则会出现“SILA”字样，表示仪器处于试拉状态，试拉结束，按“停止”键进入实际拉伸状态。定速拉伸则无试拉阶段。

⑦ 按照试验要求换纱、换管、加预加张力，按“拉伸”键，拉伸至试样断裂后下夹持器自动返回到起始位置，显示屏显示各项拉伸数据。重复步骤⑤，直到达到设定次数。

⑧ 此时显示屏显示“Z-DEL”字样，表示仪器进入删除状态，按“上翻”键、“下翻”键、“删除”键，删除误操作数据。如无删除，按“停止”键退出删除状态，显示屏显示“SYANZ”字样，进入打印统计值等待状态。

⑨ 按“统计”键打印出统计值。

⑩ 关闭电源，清理整洁。

5. 结果计算

(1) 单纱平均断裂强力 $\bar{P}$ (cN)

(2) 单纱断裂强度

为断裂强力与实际线密度比值，计算式如下：

$$p_{tex}=\frac{\overline{P}}{N_t} \tag{3-3}$$

式中：p_{tex}——单纱断裂强度，cN/tex；

$\overline{P}$——单纱平均断裂强力，cN；

N_t——单纱线密度，tex。

(3) 断裂强力变异系数

计算式同式(3-1)，式中 X_i 和 $\overline{X}$ 分别为第 i 次试验的强力值和 n 次试验的强力平均值。目前电子式强力仪均能自动统计 $CV\%$，不需人工计算。

如测试不在标准大气条件下进行，应按 FZ/T 10013.1—2011《温度与回潮率对棉及化纤纯纺、混纺制品断裂强力的修正方法》对测试值进行修正。

四、任务评价

在教师的指导下，学生以小组为单位（人人参与），按照标准规定，检测本色棉纱线试样的断裂强力变异系数和断裂强度，根据检测结果对纱线试样进行评等，并填写检测报告单；然后以小组为单位，对检测结果进行互评；最后由教师点评，给出完成本任务的成绩。

棉本色纱线断裂强力检测报告单

测试人员________　　　　温湿度________

纱线类别________　　　　测试日期________

序号	1	2	3	4	5	6	7	8	9	10	11	12	13	14	15
强力(cN)															
序号	16	17	18	19	20	21	22	23	24	25	26	27	28	29	30
强力(cN)															
序号	31	32	33	34	35	36	37	38	39	40	41	42	43	44	45
强力(cN)															
序号	46	47	48	49	50	51	52	53	54	55	56	57	58	59	60
强力(cN)															
平均断裂强力 $\overline{P}$ =______ (cN)，								断裂强度 p_{tex}=______ (cN/tex)							
断裂强力变异系数 $CV\%$=______ (%)，								非标准状态下测试强力修正系数 K=							
依据纱线断裂强度等质量评定纱线等别：															

任务三　纱线条干均匀度检测

一、任务目标

掌握纱线条干均匀度的含义，能按要求检测棉本色纱试样的条干均匀度，根据国家标准的规定进行评等，并出具检测报告单。

二、知识准备

纱线条干均匀度是指纱线的短片段不匀。成纱条干均匀度不仅影响纱线的外观质量，还会直接影响纺织加工的生产效率及成品织物的内在质量和外观，其检测方法通常有以下两种：

1. 黑板条干检测法

按国家标准 GB/T 9996.1 —2008《棉及化纤纯纺、混纺纱线外观质量黑板检验方法　第 1 部分：综合评定法》规定，用摇黑板仪（图 3-3）把纱线均匀地绕在黑板上，然后在规定灯光下与标准样照对比，评定纱线的黑板条干均匀度。本色棉纱标准样照分为梳棉本色纱、精梳棉本色纱、针织用梳棉本色纱和精梳涤棉混纺本色纱四大类，每一大类再按线密度分组。

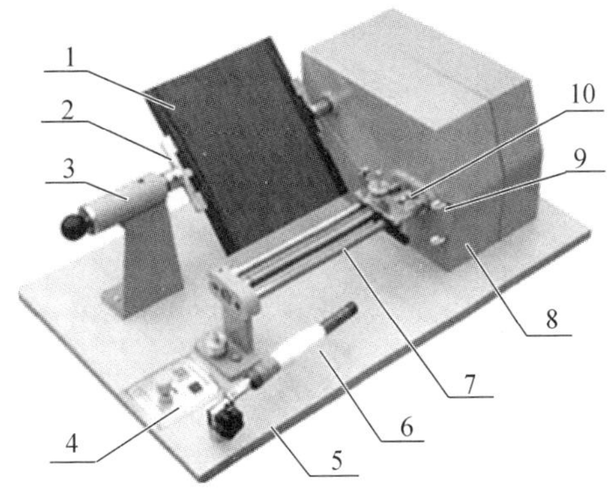

图 3-3　YG381 型摇黑板仪

1—黑板；2—黑板固定夹；3—黑板大小调节固定装置；4—黑板转速调节和启停键；5—黑板机基座；6—试样；7—排纱驱动导向杆；8—整机驱动及变速箱；9—导纱器；10—排纱、张力装置

2. 电容式条干均匀度检测法

电容式条干均匀度试验按 GB/T 3292.1—2008《纺织品　纱线条干不匀试验方法　第 1 部分：电容法》进行。当纱条从一对平行极板之间通过时（图 3-4），平行极板组成的电容器的电容量发生变化。

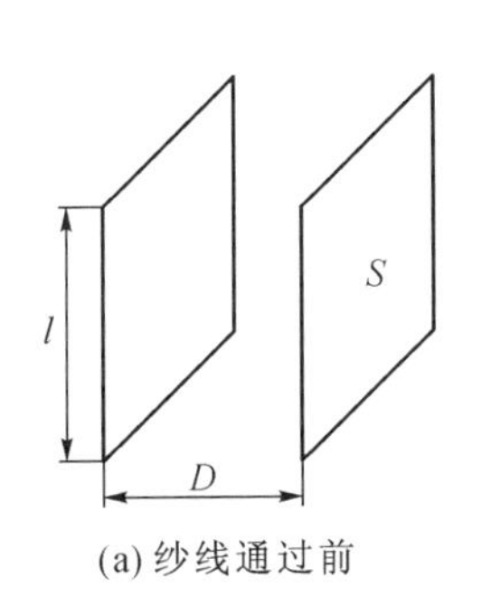

(a) 纱线通过前

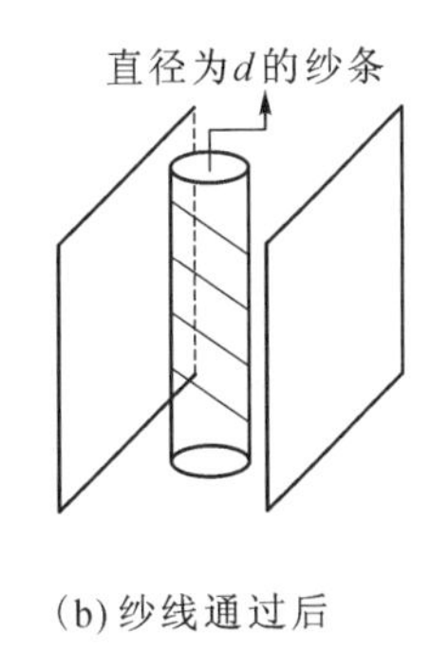

(b) 纱线通过后

图 3-4　纱线通过前后的平行极板电容器

当两块平行极板正对的实际面积 S 和两块平行极板之间的距离 D 不变时，电容器电容量与介电常数成正比。因此，当直径为 d 的纱条以一定速度连续通过电容器极板时，由于电容器介质发生变化引起电容量的变化，即将纱条直径（线密度）的变化转换为电容量的变化。

三、任务实施

（一）黑板条干检测法

1. 检测器具

YG381 型摇黑板仪（图 3-3）、黑板（图 3-5，规格为 250 mm×220 mm×3 mm）10 余块（颜色统一、无花斑、平整），纱线条干均匀度标准样照。

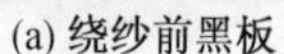

(a) 绕纱前黑板　　(b) 绕纱后黑板

图 3-5　黑板

2. 检测程序

(1) 试样准备

取 10 个卷装(自用纬纱用管纱,经纱用筒子纱,绞纱亦可用筒子纱),每一卷装摇取 1 块黑板,如图 3-5(b)所示将纱线均匀地绕在黑板上。

(2) 参数调整

① 标准样照选择:根据纱线品种和粗细选择一套标准样照,每套标准样照分为优等和一等两个级别。

② 绕纱密度:调节摇黑板仪的绕纱间距,使之与标准样照相当。

(3) 检测条件

① 检验黑板条干应在暗室内进行,四周墙壁应涂以不反光的黑色。

② 检验黑板条干的灯光设备尺寸和距离如图 3-6 所示。

③ 黑板与标准样照中心的高度应与检验者的目光呈水平状态。

④ 黑板和样照应垂直平齐地放置在检验壁或架子中部,每次检验 1 块黑板。

⑤ 光源采用 40 W 青色或白色日光灯,两支并列。

⑥ 在正常目力条件下,检验者与黑板的距离为 2.5 m±0.3 m。

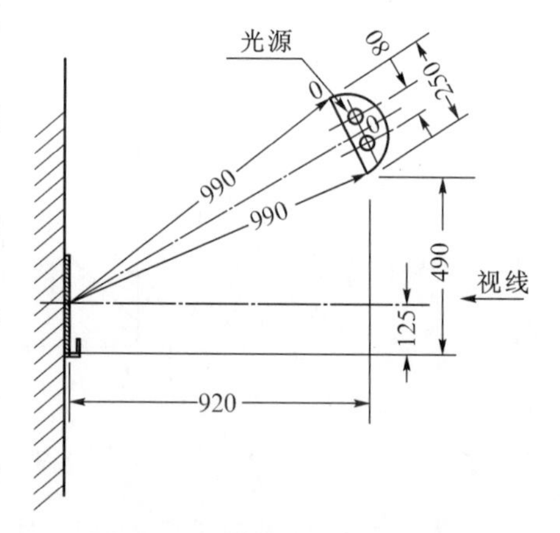

图 3-6　黑板条干检测法灯光设备尺寸和距离示意图

(4) 操作步骤

① 把黑板装入摇黑板仪的黑板固定夹内,将试样从纱管中引出,经导纱器、张力装置,缠绕在黑板左侧侧缝中。

② 按“启动”键,试样均匀地绕在黑板上并自停,将纱尾缠绕在黑板右侧侧缝中并切断,取下黑板。若绕纱密度不均匀,可用挑针手工修整。

③ 在检验室内,将黑板与标准样照放在规定位置,检验者站在距离黑板 2.5 m±0.3 m 处,视线与黑板中心水平,与标准样照对比所摇黑板的外观情况,结合评等规定确定纱线条干等级。

3. 结果评定

棉纱黑板条干等级按表3-5分为优等、一等 、二等和三等四个等级。好于和等于优等条干标准样照的评为优等，好于和等于一等条干标准样照的评为一等，差于一等条干样照的评为二等；严重疵点、阴阳板、一般规律性不匀的定为二等，严重规律性不匀的定为三等。

表3-5　纱线条干不匀评等规定

不匀类别	具体特征	评等规定
粗节	纱线投影宽度比正常纱线直径粗	① 粗节部分粗于样照，即降等 ② 粗节虽少于样照，但显著粗于样照，即降等 ③ 粗节数量多于样照，即降等，但普遍细于、短于样照则不降等
阴影	较多直径偏细的纱线在板面上形成较阴暗的块状	① 阴影普遍深于样照即降等 ② 阴影深浅相当于样照，若总面积显著大于样照，即降等 ③ 阴影总面积虽大，但浅于样照，则不降等 ④ 阴影总面积虽小于样照，但显著深于样照，即降等
严重疵点	严重粗节 严重细节 竹节	① 直径粗于原纱1～2倍，长5 cm及以上粗节，评为二等 ② 直径细于原纱0.5倍，长10 cm及以上细节，评为二等 ③ 直径粗于原纱2倍及以上，长1.5 cm及以上节疵，评为二等
规律性不匀	一般规律性不匀 严重规律性不匀	① 纱线条干粗细不匀并形成规律，占板面1/2及以上，评为二等 ② 满板规律性不匀，其阴影深度普遍深于一等样照最深的阴影，评为三等
阴阳板	板面纱线有明显粗细的分界线	评为二等

（二）电容式条干均匀度检测法

1. 检测器具

电容式条干均匀度仪（图3-7）。

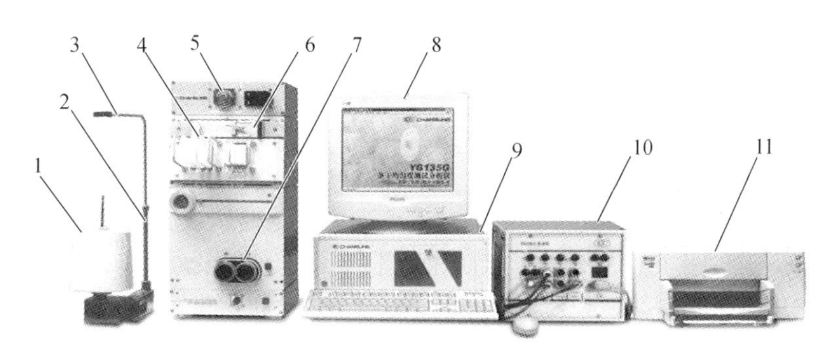

图3-7　YG135G型条干均匀度测试仪

1—试样；2—纱架；3—导纱盒；4—平行板电容器；5—张力调节器；
6—槽号选择钩；7—胶辊；8—显示屏；9—主处理机；10—稳压器；11—打印机

2. 检测程序

（1）试样准备

① 取样：10个管纱。

② 调湿和测试大气条件：

试样的调湿应在二级标准大气下（即温度为20 ℃±2 ℃，相对湿度为65%±3%），由吸湿达到调湿平衡24 h；对大而紧的样品卷装，或需进行1次以上测试的卷装，应平衡48 h。检测应在稳定的二级标准大气下进行。

若试验场所不具备上述条件，可以在以下稳定的温湿度条件下进行调湿和试验：平均温度为 18～28 ℃，同时应保证温度的变化不超过上述范围内某平均温度的±3 ℃，温度变化率应不超过 0.5 ℃/min；平均相对湿度为 50%～75%，相对湿度变化率不应超过上述范围内某平均相对湿度的±3%，相对湿度变化率不超过 0.25%/min。

试验前仪器应在上述稳定环境中放置至少 5 h。

（2）参数设定

① 初始参数：测试材料、厂名、测试者、测试号、试样号数、纤维长度、纤维细度。

② 试样类型：棉型或毛型。

③ 测试条件：量程范围、测试速度、试样长度、测试时间等（可选择的数据如表 3-6 所示）。

表 3-6　测试条件可选择的数据

材料	试样长度(m)		测试速度(m/min)		测试时间(min)	量程(%)
	取样长度范围	常规试验	可供选择速度	常用速度		
细纱	250～2 000	400	25～400，共五档	200 或 400	1、2.5、5	±100 或±50
粗纱	40～250	250	8～100，共四档	50 或 100	2.5、5、10	±50 或±25
条子	20～250	5～100	4～50，共四档	25 或 50	5、10	±25 或±12.5

④ 量程的选择：应保证测试结果的准确性。当细纱实测条干不匀变异系数低于 10%时，用±50%；当粗纱实测条干不匀变异系数低于 5%时，用±25%；当条子实测条干不匀变异系数低于 2.5%时，用±12.5%。

⑤ 测试速度：根据纱条承载能力和测试分析的需要，通常选择不会使纱条产生伸长的最高速度。

⑥ 测试时间：按测试速度及试样长度要求确定。

⑦ 输出结果：

a. 纱线条干不匀率变异系数。

b. 千米细节、粗节、棉结数。

c. 不匀曲线：是纱条的试样长度与其对应的不匀率关系曲线。它能直观地反映纱条不匀的变化，并给出不匀的平均值，但要从不匀曲线判断纱线不匀的结构特征有困难。

d. 波谱图：以条干不匀波波长（对数）为横坐标，以振幅为纵坐标的图形，可用来分析纱条不匀的结构和不匀产生的原因。

e. 变异-长度曲线：纱条的细度变异与纱条片段长度间的关系曲线。

⑧ 测试槽号：根据纱线粗细选取，如表 3-7 所示。

表 3-7　试样线密度与测试槽号对应关系

试样类型	条子		粗纱	细纱	
试样线密度(tex)	12 001～80 000	3 301～12 000	160.1～3 300	21.1～160.0	4.0～21.0
测试槽号	1	2	3	4	5

（3）操作步骤

① 打开稳压器电源、主处理机开关，预热仪器。

② 利用键盘或鼠标，通过显示屏选择各试验参数。

③ 选择槽号：根据纱线粗细，按表 3-7 或仪器面板上纱线线密度与槽号的对应关系表，确定槽号，将槽号选择钩移到选定的槽号位置。

④ 将试样装在纱架上，经过导纱盒（转动导纱盒，使它与纱架成 45°，便于纱线退绕）、张力调节器、槽号选择钩，将试样引入平行板电容器及胶辊中（注：施加在试样上的预加张力应保证纱条移动平稳、抖动尽量小）。

⑤ 通过主处理机电脑显示屏，使程序进入测试状态，然后按屏幕提示进行操作。

⑥ 鼠标点中“退出测试”，则进行图形和结果打印。

⑦ 关闭主处理机电源开关，然后关闭稳压器总电源开关。

四、任务评价

在教师的指导下，学生以小组为单位（人人参与），按照标准规定，用两种方法分别检测棉本色纱线试样的条干均匀度质量指标，根据检测结果对纱线试样进行评等，并填写检测报告单；然后以小组为单位，对检测结果进行互评；最后由教师点评，给出完成本任务的成绩。

纱线条干均匀度检测报告单

测试人员______________　　温湿度______________

纱线类别______________　　测试日期______________

序号	1	2	3	4	5	6	7	8	9	10
条干（级）										
黑板条干比分/优：一：二：三										
条干均匀度变异系数 CV/%										
依据纱线条干均匀度质量评定纱线等别：										

任务四　棉本色纱线棉结杂质检测

一、任务目标

掌握棉本色纱线的棉结杂质特征，能按要求检测棉本色纱线试样的棉结杂质，得出 1 g 棉纱线内棉结粒数及 1 g 棉纱线内棉结杂质总粒数，根据国家标准规定进行评等，并出具检测分析报告单。

二、知识准备

按国家标准 GB/T 9996.2—2008《棉及化纤纯纺、混纺纱线外观质量黑板检验方法　第 2 部分：分别评定法》规定，采用摇黑板仪，按规定的密度要求将纱线均匀绕在黑板上，在黑板与纱线间插入浅蓝色底板纸，压上黑色压板（图 3-8）。黑色压板上有 5 个窗口，每个窗口包含 1 m 长的纱线。检验时，分别点数 10 块黑板正反面 100 个压板窗口的棉结和杂质数，再将其折算成 1 g 棉纱

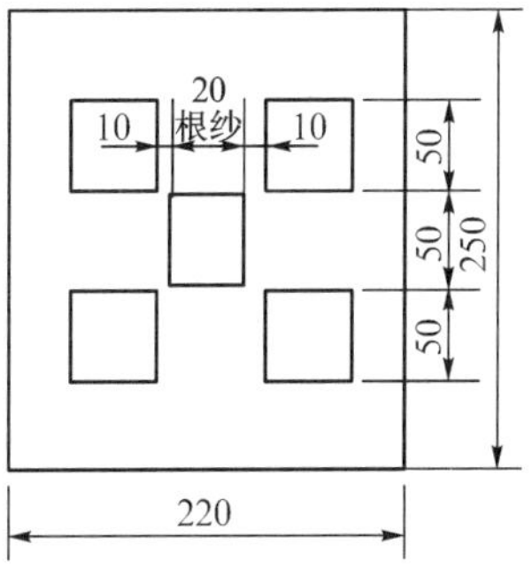

图 3-8　黑色压板

线内棉结粒数和1 g棉纱线内棉结杂质总粒数。

棉结杂质的检验地点，要求尽量在有较大北向窗户、光线充足的室内进行，一般照度应为400～800 lx，如果照度低于400 lx，应加青色或白色的日光灯管。检验面的安放角度应与水平成45°±5°，光线应从检验者的左后方射入，避免检验者的影子投射到黑板上。

三、任务实施

1. 检测器具

YG381型摇黑板仪和黑板（同黑板条干检测法）、浅蓝色底板纸、黑色压板。

2. 检测程序

（1）试样准备

取10个卷装（自用纬纱用管纱，经纱用筒子纱，绞纱亦可用筒子纱），每一卷装摇取1块黑板。

（2）检测方法

将黑板放在45°斜面板上，把浅蓝色底板纸插入试样与黑板之间，然后把黑色压板放在试样上。检验时，逐个点数每个窗口的棉结与杂质粒数，棉结与杂质分别计数。点数时，检验者的视线与纱条呈垂直状态，检验距离以检验人员的目力辨认疵点时不费力为原则，且不得翻拨纱线。每块黑板检验正、反两面，即10个窗口。

（3）结果评定

① 棉结的确定：

a. 棉结是由棉纤维、未成熟棉、僵棉在轧花与纺纱过程中处理不善集结而成的。

b. 棉结不论黄色、白色、圆形、扁形、大小，以检验者的目力所能辨认者即计。

c. 纤维聚集成团，不论松散与紧密，均以棉结计。

d. 未成熟棉、僵棉形成棉结（成块、成片、成条），以棉结计。

e. 黄白纤维虽未成棉结，但形成棉索，且有一部分纤维纠缠于纱线上，按棉结计。

f. 附着棉结，以棉结计。

g. 棉结上附有杂质，以棉结计，不计杂质。

f. 凡棉纱条干粗节，按条干检验，不计棉结。

② 杂质的确定：

a. 杂质是附有或不附有纤维（或绒毛）的籽屑、碎叶、碎枝杆、棉籽软皮、毛发和麻草等杂物。

b. 杂质不论大小，以检验者的目力所能辨认者即计。

c. 凡杂质附有纤维，一部分纠缠于纱线上，以杂质计。

d. 凡一粒杂质破裂为数粒而聚集成一团的，以一粒计。

e. 附着杂质，以杂质计。

f. 油污、色污、虫屎及油线、色线纺入，均不计为杂质。

③ 结果计算：

$$1\ \text{g棉纱线内棉结粒数(粒/g)} = \frac{\text{10块黑板总棉结粒数}}{N_t} \times 10 \tag{3-4}$$

$$1\ \text{g 棉纱线内棉结杂质总粒数} = \frac{\text{10 块黑板总棉杂质结粒数}}{N_t} \times 10\ (\text{粒/g}) \quad (3\text{-}5)$$

四、任务评价

在教师的指导下，学生以小组为单位（人人参与），按照标准规定，分别检测棉本色纱线试样的棉结和杂质粒数，得出棉结杂质质量指标，据此对纱线试样进行评等，并填写检测报告单；然后以小组为单位，对检测结果进行互评；最后由教师点评，给出完成本任务的成绩。

棉本色纱线棉结杂质检测报告单

测试人员________________　　　　　　　　　　温湿度________________

纱线类别________________　　　　　　　　　　测试日期________________

序号	1	2	3	4	5	6	7	8	9	10
棉结数（粒）										
杂质数（粒）										
1 g 棉纱线内棉结数=______________粒/g，　1 g 棉纱线内棉结杂质总数=______________粒/g										
依据纱线棉结杂质质量评定纱线等别：										

任务五　棉本色纱十万米纱疵检测

一、任务目标

掌握棉纱线纱疵的特征和危害，能按要求对本色棉纱试样进行十万米纱疵检测，根据国家标准规定进行评等，并出具检测分析报告单。

二、知识准备

纱疵是指纱线上具有的疵点，主要是在纺纱过程中，由于原料、机械、工艺、环境和操作等方面的原因，造成纱条上有一定长度的粗、细节或污染，严重影响织造纱疵效率和布面外观质量。

按照标准 FZ/T 01050—1997《纺织品　纱线疵点的分级与检验方法　电容式》的规定进行。将电容式纱疵分级仪与络筒机组合使用（也可将纱疵仪装在络筒机上，至少应装 5 个检测器）。当络筒机上纱线以一定速度连续通过由空气电容器组成的检测器时，纱疵质量的变化会引起电容量的相应变化，将其转化为电信号，经过电路运算处理，即可输出表示各级纱疵的指标。纱疵分短粗节、长粗节（或称双纱）、长细节三种，一般分为 23 级。纱疵的截面比正常纱线粗 100%以上、长度在 8 cm 以下者，称为短粗节，其中按截面大小与长度的不同分成 16 级

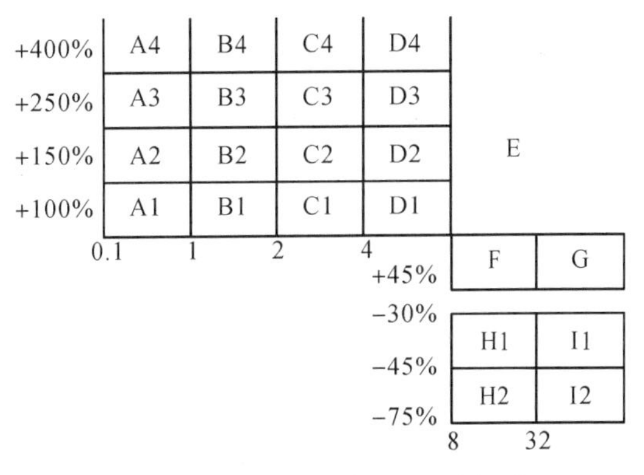

图 3-9　各级纱疵的暴面与长度分级界限

(A1, A2, A3, A4, B1, B2, B3, B4, C1, C2, C3, C4, D1, D2, D3, D4)。纱疵截面比正常纱线粗45%以上、长度在8 cm以上者,称为长粗节,其中按截面大小与长度的不同分成3级(E, F, G)。纱疵截面比正常纱线细30%~75%、长度在8 cm以上者,称为长细节,其中按截面大小与长度的不同分成4级(H1, H2, I1, I2)。各级纱疵的截面和长度分级界限如图3-9所示。

三、任务实施

1. 检测仪器

YG072A型纱疵分级仪(图3-10),由主机、检测器(络筒机的电子清纱器)和络筒机三部分组成。

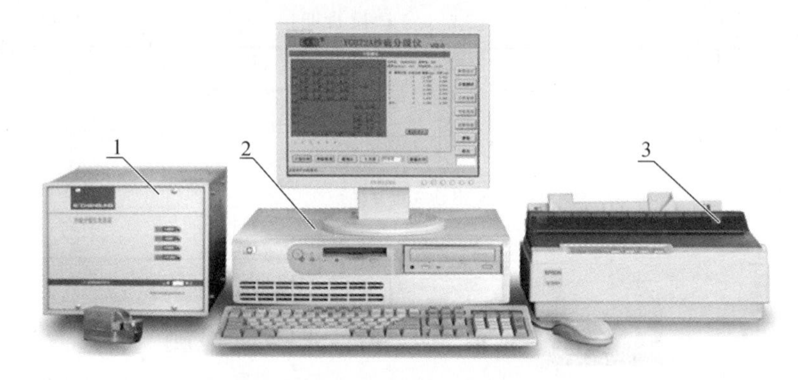

图3-10 YG072A型纱疵分级仪主机

1—电源箱;2—主控机;3—打印机

2. 试样准备

(1) 取样

如样品为交货批,按表3-8随机地从中抽取一定的箱数,从每一箱中取一个卷装;如样品来自生产线,则随机地从机台上抽取5~10个筒子纱,或满足测试长度要求的若干个满管纱,作为试验室样品。所取样品应均匀分配到各检测器上。在日常检验中,试样试验长度应不少于10万米。

表3-8 取样的箱数

货批中的箱数	5箱及以下	6~25箱	25箱以上
取样箱数	全部	5箱	10箱

(2) 调湿

在温度为20 ℃±2 ℃、相对湿度为65%±3%的条件下平衡24 h以上;对大而紧的样品卷装或对一个卷装需进行一次以上测试时,应平衡48 h以上。

3. 参数调整

① 开机,调整络筒机运转速度为600 m/min,并检查测量槽是否清洁。

② 打开电源箱电源开关,然后启动计算机。计算机完成自检后,启动Windows操作系统,系统正常加载后,启动YG072A型纱疵分级仪数据分析软件,进入主界面。(启动后应进行30 min的预热,预热完成后再进行测试操作)

③ 在主窗口选择“参数设定”主功能按钮，进行试验参数和纱疵切除状态设定。

a. 纱线长度：本次试验走纱的总长度(m)。设定时，使用鼠标点击“试样长度”参数输入区，删除原参数，输入新的参数即可。设定了本次试验的试样长度后，到达该设定长度时，系统自动切断纱线，停止本次试验。

b. 纱线名称：对于前次测试过的纱线品种，系统自动保存了设定值。设定时，用鼠标点击参数输入区后的倒置“三角”，从下拉列表中直接选择即可。

c. 纱线支数：单位分“Tex”“Nec”“New”“Nm”四种，可按其中任何一种进行设置。设定完成后，当选择其他单位制时，所设定的参数值会自动完成转换。

d. 纱线材料及材料值：先选择纱线材料的类型，确定后，输入材料值(表3-9)。对于混纺纱，应根据纤维成分的混合比例计算其材料值。例如：涤纶/棉(65/35)的材料值=(0.65×3.5)+(0.35×7.5)=4.9。表中未列出的纱线可以根据其回潮率，按类似纱线设定材料值。

表3-9 纱线材料值

纤维材料	棉、毛、黏胶、麻	天然丝	腈纶、锦纶	丙纶	涤纶	氯纶
材料值	7.5	6.0	5.5	4.5	3.5	2.5

e. 有害纱疵切除设定：系统默认状态是不切除纱疵，设定分级格呈现灰色。需要切除时，首先选择“切除”，打开切除设定开关，此时设定分级格变成红色；然后用鼠标点击需要切除的格，相应的格变成蓝色，同时高于此格门限的格都跟着变色。需要取消该格的设定时，只需再次点击该格，即可恢复为红色。

f. 分级清纱门限设定：选择“分级清纱门限”子功能按钮，系统切换到“分级清纱门限”设定窗口，包括“分级门限”和“清纱门限”设定两部分内容——“分级门限”设定的参数用于完成对纱疵进行分级；“清纱门限”设定的参数用于对纱疵进行通道分类和切除设定，以及画清纱曲线。

g. 系统设定：选择“系统设定”子功能按钮，系统切换到“系统设定”窗口，按照系统配置的实际情况如实设定即可。当所有参数设定完毕并检查无误后，用鼠标点击“保存参数设定”按钮。

h. 预张力的选择：参照表3-10的具体规定，在保证纱条移动平稳且抖动尽量小的前提下，选适当的预加张力。

表3-10 预加张力设定

线密度范围	10 tex及以下	10.1～30 tex	30.1～50 tex	50 tex以上
张力圈个数	0～1	1～2	2～3	3～5

4. 操作程序

① 参数设定并保存后，选择“分级测试”主功能按钮，系统切换到分级测试对话窗口。

② 点击“分级开始”按钮，系统弹出“请清洁检测槽”的提示框，清洁完毕并确认后，若为第一次测试的纱线品种，则会弹出“请在任意锭试纱”提示框，确认后在任意锭走纱，在主窗口的状态栏中显示“正在试纱……”。约几十秒后纱线被切断，仪器完成定标。若为已知品种，仪器自动定标。

③ 各锭走纱测试，当络纱长度到达设定长度时，自动切断，进入长度设定状态。当试验结束时点击“分级结束”按钮，结束本次试验。

④ 点击“文件打印”按钮，屏幕上将出现仪器可以输出的所有报表形式，在需要的报表前

的方框中打勾，系统将按设定进行文件打印。

四、任务评价

在教师的指导下，学生以小组为单位（人人参与），按照标准规定，检测棉本色纱线试样的十万米纱疵数（优等、一等，需考核这项指标）质量指标，根据检测结果对纱线试样进行评等，并填写检测报告单；然后以小组为单位，对检测结果进行互评；最后由教师点评，给出完成本任务的成绩。

棉本色纱十万米纱疵数检测报告单

测试人员____________ 温湿度____________

纱线类别____________ 测试日期____________

序号	A3	B3	C3	D2	合计	序号	A3	B3	C3	D2	合计
1						6					
2						7					
3						8					
4						9					
5						10					
十万米纱疵数：											
依据纱线十万米纱疵数评定纱线等别：											

【注意】本色棉纱线质量评定中，所有质量指标计算及数值修约见表3-11。

表3-11 指标计算及数字修约

序号	指　标	计 算 公 式	计算值要求的小数点后有效位数
1	纱线实际线密度	$N_{ta}=\frac{G_0}{3}(1+W_K)$ 式中：N_{ta}——纱线实际线密度，tex G_0——30绞纱（每绞100 m）总干重，g W_K——纱线公定回潮率，%	N_{ta}：1 G_0：3
2	纱线回潮率（在标准大气条件下测试纱线强力时，不需要计算）	$W_a=\frac{G_a-G_0}{G_0}\times100\%$ 式中：W_a——纱线实际线密度，tex G_a——30绞纱（每绞100 m）总湿重，g	1
3	百米质量 *CV*%	按式（3-1）计算	1
4	百米质量偏差	按式（3-2）计算	1
5	单纱断裂强力 *CV*%	按式（3-1）计算或仪器统计值	1
6	单纱断裂强度	按式（3-3）计算，若在非标准大气条件下进行测试，将计算值乘以强力修正系数 *K*	1
7	10块黑板条干比例	按黑板条干级别：优级：一级：二级：三级	整数
8	1 g棉纱内棉结粒数	按式（3-5）计算	整数
9	1 g棉纱内棉结杂质总粒数	按式（3-6）计算	整数
10	条干均匀度 *CV*%	仪器统计值	1
11	十万米纱疵数	A3+B3+C3+D2	整数

将表 3-11 中第 3～11 项指标的计算值，和表 3-1（梳棉纱的技术要求）和表 3-2（精梳棉纱的技术要求）中的数值对照，逐一定出等别，然后根据八项中的最低项定出棉纱等别（第 7 项与第 10 项任选一项；第 11 项对二等纱及以下纱线不需要测试和评定）。

任务六　纱线捻度检测

一、任务目标

掌握纱线加捻程度指标的含义，能按标准规定对纱线试样进行捻度检测，并填写检测报告单。

二、知识准备

棉本色纱线的品等虽然不直接考核捻度质量指标，但是纱线的加捻程度大小不仅影响纱线的长度、直径、手感、毛羽和光泽等外观特征，也影响纱线的强度、弹性和伸长等内在质量，甚至还影响织物的缩率、弹性、透气性、染色性、耐磨性、保暖性和折痕回复性等，而且纱线捻度的变异程度会反映机械设备状态的优劣，并对织物的平整、均匀、条影、横档等外观有很大的影响。故纱线质量检测时通常需要检测纱线的捻度及捻度不匀等指标。

表示纱线加捻程度的指标主要有捻度和捻系数，纱线加捻的方向称为捻向，分为 Z 捻和 S 捻向。按国家标准 GB/T 2543.1—2001《纺织品　纱线捻度的测定　第 1 部分：直接计数法》和 GB/T 2543.2—2001《纺织品　纱线捻度的测定　第 2 部分：退捻加捻法》规定，纱线捻度检测方法有两种，即直接计数法和退捻加捻法。

1. 直接计数法

又称为直接解（退）捻法，该方法将纱线以一定的张力夹在纱线捻度仪的左右纱夹中，让其中一个纱夹回转，回转方向与纱线原来的捻向相反。当纱线上的捻回数退完时，使纱夹停止回转，这时捻度仪计数盘上的捻回读数即为所测长度纱线的捻回数。根据捻回数和试样长度即可求得纱线的捻度。这种方法多用于测定长丝纱、股线或捻度很少的粗纱等制品的捻度。

2. 退捻加捻法

又称为张力法，该方法将纱线在一定张力下夹持在左右纱夹中，先退捻，此时纱线因退捻而伸长；待纱线捻度退完后继续回转，纱线将因反向加捻而缩短，直到纱线长度捻至与原纱线长度相同时，纱夹停止回转，这时计数盘上的捻回读数即为所测长度纱线捻回数的两倍。同理，根据捻回数和试样长度求得纱线的捻度。这种方法多用于测定短纤维纺单纱的捻度。

三、任务实施

1. 检测器具

Y331LN 型纱线捻度仪（图 3-11）和分析针。

2. 检测原理

（1）直接计数法

指在规定的张力下，夹住一定长度纱线的两端，旋转纱线一端，退去纱线的捻度，直至纱线构成单元平行而测得捻回数的方法。退去的捻回数即为该长度纱线的捻回数。

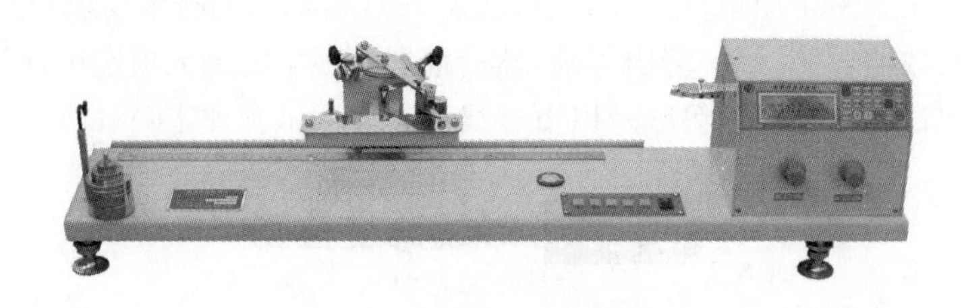

图 3-11 Y331LN 型纱线捻度仪

(2) 退捻加捻法

此法是测定捻度的间接方法，又分为退捻加捻 A 法和退捻加捻 B 法。退捻加捻 A 法是在一定张力下，用夹持器夹住已知长度被测纱线的两端，经退捻和反向加捻，纱线回复到起始长度所需捻回数的 50%，即为该长度下纱线的捻回数；退捻加捻 B 法是在第一个试样按 A 法测试的基础上，第二个试样按第一个试样的测得捻回数的 1/4 进行退捻，然后加捻至初始长度，以避免因预加张力和意外牵伸引起的测量误差。

3. 试样准备

根据产品标准或协议的有关规定抽取样品。如果从同一个卷装中取样超过 1 个，各试样之间至少有 1 m 以上的间隔；如果从同一个卷装中取样超过 2 个，应分组取样，每组应不超过 5 个试样，各组之间有数米间隔。

相对湿度的变化会引起某些材料的试样长度的变化，从而对捻度有间接影响，因此试样需进行调湿或预调湿。

4. 操作步骤

(1) 直接计数法(以股线为例)

① 打开电源开关，显示器显示信息参数。

② 速度调整：在复位状态下，按“测速”键，电机带动右夹持器转动，显示器显示每分钟转速，调整调速钮Ⅰ使之以 1 000 r/min±200 r/min 的速度旋转，按“复位”键返回复位状态。

③ 参数设定：

表 3-12 各类股线测定参数

类别	试验长度(mm)	预加张力(cN/tex)	测试次数
棉、毛、麻股线	250	0.25	30
缆线	500	0.25	30
绢纺丝、长丝线	500	0.50	30

a. 设定隔距(试样)长度：当名义捻度≥1 250 捻/m 时，隔距 250 mm±0.5 mm；当名义捻度<1250 捻/m 时，隔距 500 mm±0.5 mm。

b. 设定预置捻回数：以设计捻度为依据进行设置。

c. 根据测试需要输入测试次数、线密度、试验方法。

④ 测试：

a. 按试验键进入测试，在仪器的张力机构上，按 0.5 cN/tex±0.1 cN/tex 施加张力砝码。

b. 引纱操作：弃去试样始端的纱线数米，在不使试样受到意外伸长和退捻的情况下，开启左夹持器上的钳口，将纱线从左夹持器钳口穿过，引至右夹持器，夹紧左夹持器；开启右夹持器钳口，使纱线进入定位槽内，牵引纱线，使左夹持器上的指针对准伸长标尺的零位，直至零位指示灯亮起，然后锁紧右夹持器钳口，将纱线夹紧，最后将纱线引导至割纱刀，轻拉纱线切断多余纱线。

c. 按“启动”键，右夹持器旋转开始解捻，至预置捻数时自动停止，观察试样解捻情况，如未解完捻，再按“＋”或“－”键（如速度过快，可用调速旋钮Ⅱ调速）点动，或用手旋转右夹持器直至完全解捻（把分析针插入左夹持器处的试样中，分析针能平移到右夹持器处）。此时显示器显示的捻回读数即是所测长度纱线的捻回数，按“处理”键后，显示完成次数、捻度和捻系数。重复测试，直至结束，按打印键打印统计结果。

（2）退捻加捻法（以短纤维纺单纱为例）

① 打开电源开关，显示器显示信息参数。

② 速度调整同直接计数法。

③ 参数设定：

表 3-13　各类单纱测定参数

类　别	试样长度(mm)	预加张力(cN/tex)	测定次数	允许伸长(mm)
棉纱(包括混纺纱)	250	$1.8\times N_t$	30	4.0
中长纤维纱	250	$0.3\times N_t$	40	2.5
精、粗梳毛纱(包括混纺纱)	250	$0.1\times N_t$	40	2.5
苎麻纱(包括混纺纱)	250	$0.2\times N_t$	40	2.5
绢丝	250	$0.3\times N_t$	40	2.5
有捻单丝	500	$0.5\times N_t$	30	—

注：当试样长度为 500 mm 时，其允许伸长应按表中所列增加 1 倍，预加张力不变。

④ 检测步骤（以退捻加捻 A 法为例）：

a. 按“试验”键进入测试，在仪器的张力机构上，按规定施加张力砝码。

b. 引纱操作：弃去试样始端纱线数米，在不使纱线受到意外伸长和退捻的情况下，开启左夹持器钳口，将纱线从左夹持器钳口穿过，引至右夹持器，夹紧左夹持器；开启右夹持器钳口，使纱线进入定位槽内，牵引纱线使左夹持器上的指针对准伸长标尺的零位，直至零位指示灯亮起，然后锁紧右夹持器钳口，将纱线夹紧，最后将纱线引导至割纱刀，轻拉纱线切断多余纱线。

c. 按“启动”键，右夹持器旋转开始解捻，解捻停止后再反向加捻，直到左夹持器指针返回零位，仪器自动停止，零位指示灯亮起。此时显示器显示的捻回读数即是纱线试样上捻回数的 2 倍，按“处理”键后，仪器显示完成次数、捻回数/m、捻回数/10 cm、捻系数。重复以上操作，直至达到设置次数。按“打印”键，打印统计值。

5. 结果计算

（1）平均特克斯制捻度 T_{tex}

$$\text{直接计数法：}\quad T_{tex}(\text{捻}/10\ \text{cm})=\frac{\text{平均捻回读数}}{\text{试样初始长度}}\times 100 \tag{3-6}$$

$$\text{退捻加捻 A 法：}\quad T_{tex}(\text{捻}/10\ \text{cm})=\frac{\text{平均捻回读数}}{\text{试样初始长度}}\times 50 \tag{3-7}$$

（2）捻系数

$$\alpha_t = T_{tex} \times \sqrt{N_t} \tag{3-9}$$

式中：α_t——特克斯制捻系数；

N_t——纱线线密度，tex。

四、任务评价

在教师的指导下，学生以小组为单位（人人参与），按照标准规定，检测纱线试样的捻度质量指标，并填写检测报告单；然后以小组为单位，对检测结果进行互评；最后由教师点评，给出完成本任务的成绩。

纱线捻度质量检测报告单

测试人员________________　　　　温湿度________________

纱线类别________________　　　　测试日期________________

序号	1	2	3	4	5	6	7	8	9	10
单纱捻度读数										
股线捻度读数										
序号	11	12	13	14	15	16	17	18	19	20
单纱捻度读数										
股线捻度读数										
序号	21	22	23	24	25	26	27	28	29	30
单纱捻度读数										
股线捻度读数										

单纱平均捻回读数（转）		股线平均捻回读数（转）	
单纱平均特克斯制捻度（捻/10 cm）		股线平均特克斯制捻度（捻/10 cm）	
单纱捻系数		股线捻系数	

子项目二　涤棉混纺色纺纱的质量检测

在棉纺行业中，色纺纱产品因其色牢度高而被越来越广泛地推广。色纺纱是指用有色纤维纺成的纱线，一般是把两种及以上不同色泽和不同性能的纤维，经过充分混合后纺制成具有独特混色效果的纱线。不同颜色的纤维混纺纱织成的织物色彩自然、色调柔和，具有独特的朦胧、立体和麻点效果。色纺纱多用于生产针织面料与服装。

按标准 FZ/T 12016—2006《涤与棉混纺色纺纱》，涤棉混纺色纺纱的质量评定依据（指标）为单纱断裂强力变异系数、百米质量变异系数、条干均匀度变异系数、十万米纱疵数（只对优等进行考核）、明显色结、千米棉结、耐洗色牢度、耐汗渍色牢度和耐摩擦色牢度共九项指标，将涤棉混纺色纺纱的品等分为优等、一等、二等，低于二等指标者作三等，以九项中的最低项进行定等。

上述标准还规定，当单纱断裂强度或百米质量偏差超出允许范围时，在单纱断裂强力变异系数和百米质量变异系数原评定的基础上顺降一等；如单纱断裂强度或百米质量偏差都超出允许范围，也只顺降一次，降至二等为止；涤棉混纺色纺纱的实际捻系数一般不低于280；涤棉混纺色纺纱的色差，对标样不低于4级；涤与棉混纺色纺纱的混纺比差异，严格控制在±2%。

涤棉混纺色纺纱的单纱断裂强力变异系数、百米质量变异系数、条干均匀度变异系数和十万米纱疵数的检测方法同本色棉纱线，耐洗色牢度、耐汗渍色牢度和耐摩擦色牢度检测将在“织物色牢度检测”中详述，这里只进行明显色结及千米棉结的检测。

任务一 涤棉混纺色纺纱明显色结数检测

一、任务目标

掌握涤棉混纺色纺纱的质量评定依据，能按要求检测涤棉混纺色纺纱试样的明显色结，根据行业标准规定进行评等，并出具检测分析报告单。

二、知识准备

涤棉混纺色纺纱的内在质量要求与本色纱线基本相同，外观质量要求色泽均一、色牢度高、明显色结少。涤棉混纺色纺纱中的明显色结是由白色涤纶纤维与未成熟棉或僵棉在轧花加工或纺纱工艺中处理不善集结而成，因颜色差异而显现的棉结，采用黑板检测法。

三、任务实施

1. 检测器具

同本色棉纱线棉结杂质检测。

2. 检测条件

检验地点要求尽量采用北向自然光源，灯光强度不低于400 lx（不高于800 lx），光线自检测人员左后方射入，检验面的安放角应与水平呈45°±5°。

3. 检测数量

检测采用筒子纱，每个筒子或绞纱摇1块黑板，每份试样共检验10块黑板。

4. 检测程序

首先在摇黑板机上摇取10块黑板，摇纱密度保证黑色压板每个窗口中的纱线根数为20根；然后将黑板放在45°斜面板上，把浅蓝色底板插入试样与黑板之间，点数1块黑板正反两面共10个窗口内的明显色结数。

5. 明显色结结果评定

① 色纺纱中深色纤维的含量为30%及以上时，明显色结指深色的大棉结和本色棉结。

② 色纺纱的明显色结不同于本色棉纱的棉结，是影响针织品质量的重要指标，故明显色结的检验应与针织品布面的实物质量相结合。

③ 明显色结中的大棉结是指粗度达到原纱2.5倍的色结。

④ 色纺纱中的深色纤维或本色纤维含量小于或等于15%时，其本色束纤维或深色束纤维缠绕于纱上，颜色比较明显，均以明显色结计。

四、任务评价

在教师的指导下，学生以小组为单位（人人参与），按照标准规定，检测涤棉混纺色纺纱试样的明显色结粒数，得出明显色结质量指标，据此对纱线试样进行评等，并填写检测报告单；然后以小组为单位，对检测结果进行互评；最后由教师点评，给出完成本任务的成绩。

涤棉混纺色纺纱明显色结检测报告单

测试人员__________ 温湿度__________

纱线类别__________ 测试日期__________

序号	1	2	3	4	5	6	7	8	9	10
明显色结（粒）										
1 g 涤棉混纺色纺纱内明显色结数＝________粒/g，										
依据涤棉混纺色纺纱内明显色结质量评定纱线等别：										

任务二 涤棉混纺色纺纱千米棉结数检测

本任务为本子项目的拓展训练任务，由各组长负责，人人参与，制订工作计划（涤棉混纺色纺纱的质量检测相关标准、检测方法和操作规程、操作录像等），完成任务，提交报告。

拓展项目 其他纱线质量检测

拓展任务一 生丝品质评定及检测

一、生丝品质评定依据

国家标准 GB/T 1797—2008《生丝》和 GB/T 1798—2008《生丝试验方法》规定，生丝规格以“纤度下限/纤度上限”标示，其纤度中心值为名义纤度。生丝的品质，根据受验生丝的品质技术指标和外观质量的综合成绩，分为 6A、5A、4A、3A、2A、A 级和级外品。

生丝品质技术指标包括纤度偏差、纤度最大偏差、均匀二度变化、清洁、洁净、均匀三度变化、切断、断裂强度、断裂伸长率、抱合等；其中，前五项为主要检验项目，根据其中最低一项成绩确定基本级；后五项为补助检验项目，其中任何一项低于基本级所属的附级允许范围者，应予降级。外观质量根据疵点和性状评为良、普通、稍劣和级外品。

二、试验方法

1. 试验条件

切断、纤度、断裂强度、断裂伸长率和抱合检验的样丝，应在温度 20 ℃±2 ℃、相对湿度为

60%～70%的大气条件下平衡 12 h 以上，方可进行检验。由于生产需要，可进行快速检验，但实验结果需做相应的处理。

2. 取样

绞装丝每批从丝把的边、中、角三个分别抽取 12 绞、9 绞、4 绞，共 25 绞，筒装丝每批从丝箱中随机抽取 20 筒。受检的生丝在外观检验的同时，抽取具有代表性的品质检验试样，绞装丝每把限抽 1 绞；筒装丝每箱限抽 1 筒。

3. 切断检验

切断是指生丝在一定外力作用下进行卷绕时所产生的断头次数。它反映了生丝机械性能的好坏，是一个重要的内在质量指标。检验时将受检生丝从切断机的丝络上卷绕到丝锭上，获得一定长度的丝片所发生的断头次数。切断检验适用于绞装丝，筒装丝不检验切断。每批检验 25 绞试样，10 绞自面层卷取，10 绞自底层卷取，3 绞自面层 1/4 处卷取，2 绞自底层 1/4 处卷取。凡是在丝绞的 1/4 处卷取的丝片，不计切断次数。卷取时间分为预备时间和正式检验时间，预备时间不计切断次数；正式检验时间内，根据切断原因，分别记录切断次数。

表 3-14　切断检验的时间和卷取速度规定

名义纤度[den(dtex)]	卷取速度(m/min)	预备时间(min)	正式检验时间(min)
12(13.3)及以下	110	5	120
13～18(14.4～20.2)	140	5	120
19～33(21.1～36.7)	165	5	120
34～69(37.8～76.7)	165	5	60

4. 纤度(线密度)检验

检验方法是在机框周长为 1.125 m 的纤度机上摇取样丝。将卷取的纤度丝以 50 绞为一组，逐绞在纤度仪上称计，求得“纤度总和”，然后分组在天平上称得“纤度总量”，把每组“纤度总和”与“纤度总量”进行核对，其允许差异规定见表 3-15，超过规定时，应逐绞复称至每组允差以内为止。将检验完毕的纤度丝松散、均匀地装入烘篮内，烘至恒重(干重)，分别计算平均纤度、纤度偏差和纤度最大偏差。

(1) 平均纤度

$$\bar{d} = \frac{\sum_{i=1}^{N} d_i}{N} \tag{3-8}$$

式中：$\bar{d}$——平均纤度，den (dtex)；

d_i——各绞纤度丝的纤度，den (dtex)；

N——纤度丝总绞数，绞。

(2) 纤度偏差

$$\sigma = \frac{\sum_{i=1}^{N} (d_i - \bar{d})}{N}$$

式中：σ——纤度偏差，den (dtex)；

$\overline{d}$——平均纤度，den (dtex)；

d_i——各绞纤度丝的纤度，den (dtex)；

N——纤度丝总绞数，绞。

（3）纤度最大偏差

纤度最大偏差：全批纤度丝中最细或最粗纤度，以总纹数的 2%，分别求其纤度平均值，再与平均纤度比较，取其大的差数值即为该丝批的"纤度最大偏差"。

表 3-15　纤度丝的读数精度及允差规定

名义纤度[den(dtex)]	纤度读数精度(den)	每组允许差异[den(dtex)]
33(36.7)及以下	0.5	3.5(3.89)
34～49(37.7～54.4)	0.5	7(7.78)
50～69(55.6～76.7)	1.0	14(15.6)

5. 均匀检验

绞装丝按规定取切断检验卷取的丝锭，筒装丝 20 筒，用黑板机将生丝卷绕在 10 块长 1 359 mm、宽 463 mm、厚 37 mm 的黑板上。每块黑板卷取 10 片，每片宽为 127 mm。绞装丝每个丝锭卷取 2 片，筒装丝每筒卷取 5 片。丝条排列密度规定见表 3-16。检验时将卷取的黑板放置在规定的检验室内，检验员位于距离黑板 2.1 m 处，根据白色条斑和灰色条斑的有无、深浅程度、阔度，对照标准样照记录均匀度变化条数。

表 3-16　黑板丝丝条排列密度的规定

名义纤度[den(dtex)]	每 25.4 mm 的线数(线)
9(10.0)	133
10～12(11.1～13.3)	114
13～116(14.4～17.8)	100
17～26(18.9～28.9)	80
27～36(30.0～40.0)	66
37～48(41.1～53.3)	57
49～69(54.4～76.7)	50

均匀一度变化是指丝条均匀变化程度超过样照 V0，不超过 V1 者，均匀二度变化是指丝条均匀变化程度超过样照 V1，不超过 V2 者；均匀三度变化是指丝条均匀变化程度超过样照 V2 者。

6. 清洁及洁净检验

清洁检验时，检验员位于距离黑板 0.5 m 处，就均匀检验的黑板，逐块检验黑板两面，对照清洁疵点标准样照，分别记录其数量。清洁疵点扣分标准：主要疵点每个扣 1 分，次要疵点每个扣 0.4 分，普通疵点每个扣 0.1 分。以 100 分减去各类清洁疵点扣分的总和，即为该批丝的清洁成绩，以"分"表示。

洁净检验时，选择黑板任一面，根据洁净疵点的形状大小、数量多少、分布情况，对照洁净标准样照逐一评分。洁净评分：最高为 100 分，最低为 10 分；50 分以上者，每 5 分为一个评分单位；50 分以下者，每 10 分为一个评分单位。计算其平均值，即为该批丝的洁净成绩，以分表示。

7. 抱合检验

绞装丝取切断检验卷取的丝锭 20 只，筒装丝 20 筒，每个丝锭（筒）检验一次。将丝条连续往复置于抱合机框架两边的 10 个挂钩之间，在恒定和均匀的张力下，使丝条的不同部位同时受到摩擦，摩擦速度约为 130 次/min。一般在摩擦到 45 次左右时，作第一次观察，以后每摩擦一定次数应停机仔细观察丝条分裂程度，直到半数以上丝条中出现 6 mm及以上的丝条开裂时，记录摩擦次数。以 20 只丝锭（筒）的平均值取整数作为该批丝的抱合次数。

8. 断裂强力及断裂伸长率检验

绞装丝取切断检验卷取的丝锭 10 只，筒装丝 10 筒。按表 3-17 规定的卷取回数卷取样丝 10 绞，在规定的大气条件下平衡后，称重；然后将样丝理直平行，进行强力测定。记录试样的断裂强力及断裂伸长率，绝对强力的读数精度为 0.98 N(0.1 kgf)，再计算平均断裂强度和平均断裂伸长率。

表 3-17　断裂强度和断裂伸长率检验试样的规定

名义纤度[den(dtex)]	每绞试样(回)
24(26.7)及以下	400
25～50(27.8～55.6)	200
51～69(56.7～76.7)	100

(1) 断裂强度

$$P_0 = \frac{\sum_{i=1}^{N} p_i \times E_f}{m} \tag{3-9}$$

式中：P_0——断裂强度，gf/den 或 cN/dtex；

p_i——各绞样丝的断裂强力，kgf 或 N；

m——试样总质量，g；

E_f——计算系数(根据表 3-18 取值)。

表 3-18　不同单位断裂强度计算系数 E_f 取值表

强度单位	强力单位	
	牛顿(N)	千克力(kgf)
cN/dtex	0.011 25	0.110 3
gf/den	0.012 75	0.125

注：1 gf/den=0.882 6 cN/dtex。

(2) 平均断裂伸长率

$$\delta = \sum \delta_i / N \tag{3-10}$$

式中：δ——平均断裂伸长率，%；

δ_i——各绞样丝的断裂伸长率，%；

N——样丝总绞数，绞。

各质量指标的计算精确度按表 3-19 规定。

表 3-19　生丝质量指标的精确度规定

项　目	要求小数点后有效位数	项　目	要求小数点后有效位数
平均纤度[den(dtex)]	2	纤度偏差[den (dtex)]	2
纤度最大偏差[den(dtex)]	2	断裂强度[gf/den(cN/dtex)]	2
断裂伸长率(%)	1	抱合(次)	整数

9. 外观检验

将全批受验生丝，逐包拆除包丝纸的一端或全部，排列于检验台上；筒装丝则逐筒拆除包丝纸或纱套，放在检验台上，大头向上，用手将筒子倾斜 30°～40°转动一周，检验筒子的端面和侧面，以感官检定全批生丝的外观质量。

三、生丝级别评定

1. 技术要求

生丝的品质分级标准见表 3-20，切断次数的降级规定见表 3-21。

表 3-20　生丝品质技术指标规定

主要检验项目	名义纤度[den(dtex)]	级　别					
		6A	5A	4A	3A	2A	A
纤度偏差(den)	12(13.3)及以下	0.80	0.90	1.00	1.15	1.30	1.50
	13～15(14.4～16.7)	0.90	1.00	1.10	1.25	1.45	1.70
	16～18(17.8～20.0)	0.95	1.10	1.20	1.40	1.65	1.95
	19～22(21.1～24.4)	1.05	1.20	1.35	1.60	1.85	2.15
	23～25(25.6～27.8)	1.15	1.30	1.45	1.55	1.85	2.15
	26～29(28.9～32.2)	1.25	1.40	1.55	1.85	2.15	2.50
	30～33(33.3～36.7)	1.35	1.50	1.65	1.95	2.30	2.70
	34～49(37.8～54.5)	1.60	1.80	2.00	2.35	2.70	3.05
	50～69(55.6～76.7)	1.95	2.25	2.55	2.90	3.30	3.75
纤度最大偏差(den)	12(13.3)及以下	2.50	2.70	3.00	3.40	3.80	4.25
	13～15(14.4～16.7)	2.60	2.90	3.30	3.80	4.30	4.95
	16～18(17.8～20.0)	2.75	3.15	3.60	4.20	4.80	5.65
	19～22(21.1～24.4)	3.05	3.45	3.90	4.70	5.50	6.40
	23～25(25.6～27.8)	3.35	3.75	4.20	5.00	5.80	6.80
	26～29(28.9～32.2)	3.65	4.05	4.50	5.35	6.25	7.25
	30～33(33.3～36.7)	3.95	4.35	4.80	5.65	6.65	7.85
	34～49(37.8～54.5)	4.60	5.20	5.80	6.75	7.85	9.05
	50～69(55.6～76.7)	5.70	6.50	7.40	8.40	9.55	10.85

（续 表）

主要检验项目	名义纤度[den(dtex)]	级别					
		6A	5A	4A	3A	2A	A
均匀二度变化(条)	18(20.0)及以下	3	6	10	16	24	34
	19～33(21.1～36.7)	2	3	6	10	16	24
	34～69(37.8～76.7)	0	2	3	6	10	16
清洁(分)	69(76.7)及以下	98.0	97.5	96.5	95.0	93.0	90.0
洁净(分)	69(76.7)及以下	95.00	94.00	92.00	90.00	88.00	86.00
补助检验项目		附级					
		(一)			(二)	(三)	(四)
均匀三度变化(条)		0			1	2	4
补助检验项目		(一)		(二)		(三)	
切断(次)	12(13.3)及以下	8		16		24	
	13～18(14.4～20.0)	6		12		18	
	19～33(21.0～36.7)	4		8		12	
	34～69(37.8～76.6)	2		4		6	
主要检验项目	名义纤度 den(dtex)	级别					
		6A	5A	4A	3A	2A	A
补助检验项目		附级					
		(一)			(二)		
断裂强度[cN/tex(gf/den)]		3.8(3.35)			3.7(3.26)		
断裂伸长率(%)		20.0			19.0		
补助检验项目		附级					
		(一)	(二)		(三)		
抱合/次	33(36.7) 及以下	100	90		80		

注：筒装丝不考核切断。

表 3-21 切断次数的降级规定

名义纤度[den(dtex)]	切断(次)
12(13.3)及以下	30
13～18(14.4～20.0)	25
19～33(21.0～36.7)	20
34～69(37.8～76.6)	10

2. 分级规定

(1) 基本级的评定

① 根据纤度偏差、纤度最大偏差、均匀二度变化、清洁及洁净五项主要检验项目中的最低一项成绩，确定基本级。

② 主要检验项目中任何一项低于最低级时，作级外品。

③ 在黑板卷绕过程中，出现 10 只及以上的丝锭不能通过正常的检验操作而卷取者，一律

定为最低级，并在检验证书上注明“丝条脆弱”。

（2）补助检验的降级规定

① 补助检验项目中，任何一项低于基本级所属的附级允许范围者，应予降级。

② 按各项补助检验成绩的附级低于基本级所属附级的级差数降级。附级相差一级者，则基本级降一级；相差二级者，降二级；以此类推。

③ 补助检验项目中，有两项以上低于基本级者，以最低一项降级。

④ 切断次数超过表 3-21 者，一律降为级外品。

（3）外观检验的评等和降级规定

① 外观检验成绩评为“稍劣”者，按基本级的评定、补助检验的降级规定基础上，再降一级；如已定为最低级，则作级外品。

② 外观检验评为“级外品”者，一律作级外品。

“生丝质量评定及检测”为拓展训练任务，由各组长负责，人人参与，制订工作计划（生丝质量评定及检测相关标准、检测方法和操作规程、操作录像等），完成任务，提交报告。

拓展任务二 毛纱线品质评定及检测

毛纱线根据生产工艺分为精梳毛纱和粗梳毛纱，按用途分为机织用和针织用纱等。下面以粗梳毛针织绒线为例进行介绍：

一、粗梳毛针织绒线质量评定依据

根据行业标准 FZ/T71002—2003《粗梳毛针织绒线》，粗梳毛针织绒线的品等是以批（缸）为单位，按物理指标、染色牢度和外观疵点三项结果进行综合评定。物理指标包括纤维含量、线密度偏差率、质量变异系数、捻度偏差率、捻度变异系数、单纱断裂强度、断裂强力变异系数、起球及含油脂率九项；染色牢度包括耐光、耐洗、耐汗渍、耐水及耐摩擦牢度五项；外观疵点包括绞纱、筒子纱外观疵点和织片外观疵点两项。

二、试验方法

1. 采样规定

供物理指标试验用的样品，批量在 500 kg 及以下的，每批抽取 10 只筒子（大绞）；批量在 500 kg 以上的，每 500 kg 试验一次。试样应在同一品种、同一批号的不同部位、不同色号中随机抽取。染色牢度的试样应包括该批的全部色号。具体的试验次数按表 3-22 的规定进行。

表 3-22 供物理指标抽样试验次数

试验项目	质量	线密度	捻度		单纱强力
			单纱	股纱	
每筒（绞）试验次数	1	2	4	2	5
总次数	10	20	40	20	50

2. 试样准备

大纹（筒子纱）或团绒试样展开暴露在标准大气中进行调湿平衡至少 24 h。调湿与试验标准大气为温度 20 ℃±2 ℃，相对湿度为 65%±3%。

3. 物理指标的检测

粗梳毛针织绒线物理指标的检测方法参照 FZ/T 70001—2003《绒线、针织绒线试验方法》进行。

(1) 线密度偏差率和质量不匀率检测

将经过调湿的试样卷装插在缕纱测长机的纱架上（如试样为绞纱，则先将试样装于绷架上），以正常的速度进行退绕，按规定张力(0.25 cN/tex±0.05 cN/tex)摇取所需要的长度，打结留头不超过 1 cm。单纱 91 tex 及以上（股纱 45.5×2 tex 及以上），每绞长度为 10 m；91 tex 以下（股纱 45.5×2 tex 以下），每绞长度为 20 m。将摇取的纱线套于缕纱圈长量长仪的挂纱杆上，使线圈逐根排列平行，91 tex 及以上（股线 45.5×2 tex 及以上），宽度为 1.5 cm；91 tex 以下（股线 45.5×2 tex 以下），宽度为 2.0～2.5 cm。长度相等，不要扭绞，结头放在缕纱长度的中间位置，将试样下端套于加有规定重锤的滑板上，使其自然下降，至静止状态下半分钟内测得实际圈长，准确至 0.1 cm。再逐绞称取试样质量。

(2) 捻度偏差率、捻度不匀度检测

直接计数法按 GB/T 2543.1—2001《纺织品　纱线捻度的测定　第 1 部分：直接计数法》执行；退捻加捻法按 GB/T 2543.2—2001《纺织品　纱线捻度的测定　第 2 部分：退捻加捻法》执行（仲裁试验按 GB/T 2543.1 执行）。

(3) 起球检验

按 GB/T 4802.3—2008《纺织品　织物起毛起球性能的测定　第 3 部分：起球箱法》进行。

(4) 单纱断裂强力检测

按 GB/T 3916—1997《纺织品　卷装纱　单根纱线断裂强力和断裂伸长率的测定》进行。

(5) 纤维含量检测

按 GB/T 2910—2009《纺织品　定量化学分析》进行。

(6) 含油试验

按 FZ/T 20002—1991《毛纺织品含油脂率的测定》进行。

4. 染色牢度检验

(1) 耐光色牢度检测

按 GB/T 8427—2008《纺织品　色牢度试验　耐人造光色牢度：氙弧》执行。

(2) 耐水洗色牢度检测

按 GB/T 12490—2007《纺织品　色牢度试验　耐家庭和商业洗涤色牢度》执行，其中：手洗类产品按 A1S 条件；可机洗类产品按 B2S 条件。

(3) 耐汗渍色牢度检测

按 GB/T 3922—2013《纺织品　色牢度试验　耐汗渍色牢度》执行 。

(4) 耐水色牢度检测

按 GB/T 5713—1997《纺织品色牢度试验耐水色牢度》执行。

(5) 耐摩擦色牢度试验

按 GB/T 3920—2008《纺织品色牢度试验耐摩擦色牢度》执行。

5. 纱线和织片的外观疵点检验

绞纱外观疵点评等以 250 g 为单位，逐绞检验；筒子纱外观疵点评等以每个筒子为单位，逐筒检验。各品等均不允许成形不良、斑疵、色差、色花、错纱等疵点出现。织片外观疵点评等以批为单位。每批抽取 10 个筒子(大绞),每筒(绞)用单根纬平针织成长宽为 20 cm×40 cm 的织片,10 筒(绞)连织成一片。将按规定规格织制的单面纬平针组织针织物与标样置于工作台上,用自然北光或距离工作台面 80～90 cm 的两支并列 40 W 日光灯光源,对照评定。织片密度规格见表 3-23。

表 3-23　织片密度规格

线密度[tex(公支)]	横机型号	针圈密度	
		横向(针/10 cm)	纵向(列/10 cm)
125×2～100×2(8/2～10/2)	5～6 针	30±3	40±4
83.3×2～62.5×2(12/2～16/2)	6～8 针	36±3	54±4
55.6×2 以下(18/2 以上)	9～10 针	44±3	64±4
41.7×2～35.7×2(24/2～28/2)	11～12 针	52±3	74±4
83.3～62.5(12～16)	11～12 针	54±3	76±4

注:未列入表内的线密度(或支数)参考相近的线密度(或支数)织片。

三、等别评定

1. 技术要求

粗梳毛针织绒线各项物理指标的技术要求见表 3-24,各项染色牢度的技术要求见表 3-25,绞纱外观疵点的技术要求见表 3-26,织片外观疵点的技术要求见表 3-27。

表 3-24　物理指标技术要求

项目		限度	优等品	一等品	二等品	备注
纤维含量(%)	纯毛产品含毛量(%)		100			
	混纺产品纤维含量允许偏差(绝对百分比)		±3.0			成品中某一纤维含量低于功%时,其含量偏差绝对值应不高于标注含量的 30%
线密度偏差率(%)			±3.0	±4.0	±5.5	83.3 tex 及以上放宽 1%
线密度变异系数 CV(%)	单纱	不高于	4.5	6.0	8.0	
	股纱		3.5	5.0	7.0	
捻度偏差率(%)	股纱	—	±5.0	±7.0	±10.0	单纱放宽 2%
捻度变异系数 CV(%)	单纱	不高于	12.0	15.0	17.5	
	股纱		10.0	12.0	16.0	
单纱断裂强度(cN/tex)	单纱	不低于	2.2			
	股纱		2.5			
断裂强力变异系数 CV(%)	单纱	不高于	13.5			
	股纱		12.0			
起球/级		不低于	3～4	3	2～3	
含油率(%)		不高于	1.5			

表 3-25 染色牢度评等技术要求

项目		限度	优等品	一等品
耐光(级)	>1/12 标准深度(深色) ≤1/12 标准深度(浅色)	不低于	4 3	3～4 3
耐洗(级)	色泽变化 毛布沾色 棉布沾色	不低于	3～4 4 3～4	3 3 3
耐汗渍(级)	色泽变化 毛布沾色 棉布沾色	不低于	3～4 4 3～4	3～4 3 3
耐水(级)	色泽变化 毛布沾色 棉布沾色	不低于	3～4 4 3～4	3 3 3
耐摩擦(级)	干摩擦 湿摩擦	不低于	4 3	3～4(深色 3) 2～3

表 3-26 绞纱外观疵点评等技术要求

疵点名称	优等品	一等品	二等品
结头	2	4	8
断头	不允许	1	3
斑疵	不允许	不明显	轻微
大肚纱	不允许	1 个	3 个
异形纱	不允许	1 处	4 处
毡并	不允许	不明显	轻微

表 3-27 织片外观疵点评等技术要求

疵点名称	优等品	一等品	二等品
粗细节	不低于标样	不低于标样	较明显低于标样
紧捻纱	不允许	2 处	5 处
大肚纱	不允许	1 个	3 个
条干不匀	不低于标样	不低于标样	较明显低于标样
厚薄档	不允许	不低于标样	较明显低于标样
色花	不允许	不低于标样	较明显低于标样
色档	不允许	不低于标样	较明显低于标样
混色不匀	不允许	不低于标样	较明显低于标样
毛粒、杂质	不低于标样	不低于标样	较明显低于标样

注:表中的标样指一等品标样。

2. 分等规定

粗梳毛针织绒线按物理指标、染色牢度和外观疵点三项结果进行综合评定,并以其中最低一项定等,分为优等品、一等品、二等品,低于二等品者为等外品。染色牢度评等时,优等、一等品允许有一项低半级；有两项低于半级或一项低于一级者降为二等品；凡低于二等品者，降为等外品。

“毛纱线品质评定及检测”为拓展训练任务，由各组长负责，人人参与，制订工作计划（毛纱线品质评定及检测相关标准、检测方法和操作规程、操作录像等），完成任务，提交报告。

拓展任务三　麻纱线品质评定及检测

服装用麻纱线主要是苎麻纱和亚麻纱两种。下面分别讨论这两种纱线的品质评定：

一、苎麻本色纱的品质评定

1. 评定依据

行业标准 FZ/T 32002—2003《苎麻本色纱》规定，苎麻本色纱的品质根据单纱强力变异系数 *CV*(%)、质量变异系数 *CV*(%)、条干均匀度、大节、小节及麻粒六项品质指标进行综合评定。

2. 试验条件

各项试验应在各相关标准中规定的标准条件下进行。工厂内部如达不到标准温湿度条件，可进行快速试验。各项指标的试样均采用管纱，用户对产品质量有异议时，则以成品质量检验为准。

3. 试验方法

单纱断裂强度及单纱断裂强力变异系数试验按 GB/T 3916—2013《纺织品　卷装纱　单根纱线断裂强力和断裂伸长率的测定》执行，单纱断裂强力测试的断裂时间采用 10 s±1.5s。单纱断裂强力若进行快速试验，其结果应进行修正。质量变异系数、质量偏差及回潮率试验按 GB/T 4743—2009《纺织品　卷装纱　绞纱法线密度的测定》进行。大节、小节、麻粒和黑板条干均匀度采用感官检测方法。条干均匀度变异系数值试验按 GB/T 3292.1—2008《纺织品　纱线条干不匀试验方法　第 1 部分：电容法》执行，34 tex 以下的纱线测试速度为 400 m/min，测试时间为 1 min；34 tex 及以上的纱线测试速度为 200 m/min，测试时间为 1 min。

4. 技术要求

见表 3-28。

5. 评等规定

苎麻纱的评等分为优等品、一等品、二等品，低于二等指标者为三等品。苎麻纱的品等以单纱强力变异系数 *CV*(%)、质量变异系数 *CV*(%)、条干均匀度、大节、小节及麻粒评定，当六项的品等不同时，按六项中最低的一项品等评定。

单纱断裂强度或质量偏善超出允许范围时. 在单纱强力变异系数 *CV*(%)和质量变异系数 *CV*(%)两项指标原评等的基础上顺降一个等；如两项都超出范围时，亦只顺降一次，降至二等为止。

检验条干均匀度可以由生产厂选用黑板条干均匀度或条干均匀度变异系数 *CV*(%)两者中的任何一种。但一经确定，不得任意变更。发生争议时，以条干均匀度变异系数 *CV*(%)为准。

表 3-28　苎麻纱的技术要求

公称线密度(tex)	等别	品质指标								
		单纱强力变异系数 CV(%) ≤	质量变异系数 CV(%) ≤	条干均匀度		大节(个/800 m) ≤	小节(个/800 m) ≤	麻粒(个/400 m) ≤	单纱断裂强度(cN/tex) ≥	质量偏差(%) ≤
				黑板条干均匀度(分)	条干均匀度变异系数 CV(%)≤					
8～16.5	上	21	3.5	100	23	0	10	20	16.0	±2.5
	一	25	4.8	70	26	6	25	50	16.0	±2.5
	二	28	5.8	50	29	12	40	70	—	—
17～24	上	20	3.5	100	22	0	10	20	17.5	±2.5
	一	24	4.8	70	25	6	25	50	17.5	±2.5
	二	27	5.8	50	28	12	40	70	—	—
25～33	上	19	3.5	100	21	0	10	20	19.0	±2.8
	一	23	4.8	70	24	6	25	50	19.0	±2.8
	二	26	5.8	50	26	12	40	70	—	—
34～48	上	16	3.5	100	20	2	10	20	21.0	±2.8
	一	20	4.8	70	23	8	25	50	21.0	±2.8
	二	23	5.8	50	25	16	40	70	—	—
49～90	上	13	3.5	100	18	2	10	20	23.0	±2.8
	一	17	4.8	70	21	8	25	50	23.0	±2.8
	二	20	5.8	50	23	16	40	70	—	—
90 以上	上	10	3.5	—	—	2	10	20	24.0	±2.8
	一	14	4.8			8	25	50	24.0	±2.8
	二	17	5.8			16	40	70	—	—

二、亚麻纱的品质评定

1. 评定依据

行业标准 FZ/T 32001—2009《亚麻纱》规定，亚麻纱的品种分为湿纺长麻纱和湿纺短麻纱两种。亚麻纱的品质根据单纱断裂强度、单纱断裂强力变异系数、百米质量变异系数、百米质量偏差、条干均匀度、黑板麻粒数和黑板粗节数进行综合评定。

2. 试验条件

各项试验应在各方法标准规定的标准条件下进行。试验的标准大气条件为：温度 20 ℃±2 ℃，相对湿度 65%±3%。工厂内部如达不到标准温湿度条件，可采用快速试验方法。快速试验可以在接近车间温湿度条件下进行，但试验地点的温湿度必须稳定，不得故意偏离标准条件。

3. 采样要求

从生产同一品种、同一规格、同一批次中抽取 30 个筒(管)。每个筒(管)纱的长度不少于 1 000 m。亚麻纱品等试验，采用成品纱质量检验为准。

4. 试验方法

单纱断裂强力试验按 GB/T 3916—2013《纺织品　卷装纱　单根纱线断裂强力和断裂伸长率的测定》进行，每份试样为 20 筒(管)纱，测试总数为 100 次。质量变异系数、质量偏差及回潮率试验按 GB/T 4743—2009《纺织品　卷装纱　绞纱法线密度的测定》进行。条干均匀度变异系数值试验按 GB/T 3292.1—2008《纺织品　纱线条干不匀试验方法　第 1 部分：电容法》执行。

黑板条干均匀度、麻粒及粗节检验：在同一批 30 个管纱中取 10 个管纱，干燥后在黑板机上摇取 10 块黑板，将黑板与样照垂直平齐放置在暗室里的板架上，检验人员位于距离黑板 2.5 m±0.3 m 处，确定黑板条干的级别。将完成条干检验的黑板安放在与水平呈 45°±5°的斜面上，对照疵点样照检验粗节数。最后，在纱与黑板间插入浅蓝色纸板，放上黑色压板点数麻粒数。粗节有三种：①长粗节：长 10 mm 及以上，粗为原纱直径 3 倍及以上；②中粗节：长 10 mm及以上，粗为原纱直径 4 倍及以上；③短粗节：长 5 mm 及以上，粗为原纱直径 6 倍及以上。纱中纤维扭结呈明显粒状者为麻粒。

5. 技术要求

见表 3-29。

6. 评等规定

亚麻纱的品质检测以同一品种、同一规格、同一交货量(同一合同)为一批，按规定的试验方法进行试验，按试验结果评定纱的品等。并以一次试验的结果为准。

亚麻纱的品等由单纱断裂强度、单纱断裂强力变异系数、百米质量变异系数、百米质量偏差、条干均匀度、黑板麻粒数和黑板粗节数七项综合评定，分为优等品、一等品、合格品。当七项的品等不同时，按七项中的最低一项定等。

检验条干均匀度时，可选用黑板条干均匀度或条干均匀度变异系数两者中的任何一种，但一经确定，不得任意变更。当发生质量争议时，以条干均匀度变异系数为准。

“麻纱线品质评定及检测”为拓展训练任务，由各组长负责，人人参与，制订工作计划(麻纱线品质评定及检测相关标准、检测方法和操作规程、操作录像等)，完成任务，提交报告。

表 3-29 亚麻纱品质评定的技术要求

类别	线密度 [tex(公支)]	等别	单纱断裂强度(cN/tex) ≥	百米质量变异系数(%) ≤	单纱断裂强力变异系数(%) ≤	百米质量偏差/% ≤	条干均匀度		黑板麻粒 (个/100 m) ≤	黑板粗节 (个/400 m) ≤
							条干均匀度变异系数(%)≤	黑板条干均匀度(分)≥		
长麻纱	18.2 及以下 (55.0 及以上)	优等品	20.0	4.0	20.0	±4.0	34	90	20	0
		一等品	18.0	5.0	24.0		36	70	45	0
		合格品	16.0	6.0	28.0		38	60	65	2
	25.01～18.2 (40.0～55.0)	优等品	26.0	4.0	20.0	±4.0	34	90	20	0
		一等品	22.0	5.0	23.0		36	70	45	0
		合格品	19.0	6.0	26.0		38	60	65	2
	37.0～25.0 (27.0～40.0)	优等品	27.0	4.0	16.0	±4.0	33	90	25	0
		一等品	22.0	5.0	20.0		35	70	40	0
		合格品	19.0	6.0	24.0		37	60	65	3
	66.7～37.0 (15.0～27.0)	优等品	28.0	4.0	18.0	±4.0	32	90	20	0
		一等品	23.0	5.0	19.0		34	70	35	1
		合格品	19.0	6.0	22.0		36	60	65	3
短麻纱	45.5 及以下 (22.0 及以上)	优等品	23.0	5.0	18.0	±4.5	32	90	20	0
		一等品	18.0	6.0	20.0		34	70	40	1
		合格品	16.0	7.0	24.0		36	60	70	3
	66.7～45.5 (15.0～22.0)	优等品	24.0	5.0	17.0	±4.5	31	90	40	0
		一等品	19.0	6.0	19.0		33	70	50	1
		合格品	17.0	7.0	22.0		35	60	70	4
	66.7 及以上 (15.0 及以下)	优等品	25.0	5.0	17.0	±4.5	29	90	40	0
		一等品	19.0	6.0	19.0		31	70	50	1
		合格品	17.0	7.0	22.0		32	60	70	4

拓展任务四 绢纺纱品质评定及检测

绢纺纱根据使用原料分为桑蚕绢丝与柞蚕绢丝。桑蚕绢丝细度，以公制支数表示，简称公支。如需以"分特克斯"表示时，可在公制支数后面用括号以"dtex"表示。桑蚕绢丝按细度分高、中、低三档，规定见表 3-30。本任务以桑蚕绢丝为例进行介绍。

表 3-30　细度分档规定

细度分档	细度范围[公支(dtex)]
高支	150/2(66.7×2)～270/2(37.0×2)
中支	90/2(111.1×2)～150/2 (66.7×2)
低支	50/2(200.0×2)～90/2 以下(111.1×2)

一、桑蚕绢丝品质评定依据

行业标准 FZ/T 42002—2010《桑蚕绢丝》规定，桑蚕绢丝的品等根据主要检验项目和补助检验项目两部分评定。主要检验项目包括：断裂长度、支数(质量)变异系数、条干均匀度、洁净度和千米疵点五项；补助检验项目包括：支数(质量)偏差率、强力变异系数、断裂伸长率、捻度偏差率和捻度变异系数五项。

二、试验条件

各项物理指标试验用标准大气条件，应符合国标规定的三级标准大气条件，即温度为 20 ℃±2 ℃、相对湿度为 65%±5%。样丝应在上述条件下调湿，若样丝含湿量过大，应先在相对湿度为 10%～25%、温度不超过 50 ℃的大气条件下进行预调湿，直至平衡。

三、检测方法

1. 取样

品质检验样丝每批(10 件为一批，不足 10 件仍按一批计算，每件 50 kg)10 绞，每绞面层、底层各络一只筒子，共络成 20 只筒子。样丝抽取时应在同批桑蚕绢丝内随机进行，并遍及各件，工厂抽样可在成包前，从同一批桑蚕绢丝内随机抽取。

2. 试样方法

试验方法按行业标准 FZ/T 40003—2010《桑蚕绢丝试验方法》进行。断裂强力、支数(质量)变异系数和捻度的检测方法同本色棉纱。条干均匀度检测在黑板条干均匀度或电子条干不匀变异系数 *CV*(%)两者中任选一种。但一经确定，不得任意变更。在监督检验或仲裁检验时，以采用电子条干不匀变异系数 *CV*(%)的检验结果为准。

四、技术要求

见表 3-31 和表 3-32。

表 3-31 桑蚕绢丝品质技术指标规定

主要检验项目							补助检验项目				
支数范围	等别	断裂长度(km) ≥	支数(质量)变异系数(%) ≤	黑板条干均匀度(分) ≥	洁净度(分) ≥	千米疵点数(只) ≤	支数(质量)偏差率(%) ≤	强力变异系数(%) ≤	断裂伸长率(%) ≥	捻度偏差率(%) ≤	捻度变异系数(%) ≤
高支	优	25.0	3.0	75.0	85	1.00	±3.5	12.0	6.0	±5.00	5.00
	一	23.0	3.5	70.0	80	1.50				±6.00	5.50
	二		4.0	65.0	70	2.50					
中支	优	25.0	3.0	80.0	85	1.00	±3.6		6.5	±5.00	5.00
	一	23.0	3.5	75.0	80	2.00				±6.50	6.00
	二		4.0	70.0	70	3.00					
低支	优	25.0	3.0	85.0	85	1.00	±4.5		7.0	±5.00	5.00
	一	23.0	3.5	80.0	80	2.50				±7.00	6.00
	二		4.0	65.0	70	3.50					

注:设计捻度根据合同或协议规定。

表 3-32 条干不匀变异系数指标规定

主要检验项目	支数	名义细度[公支/2(dtex×2)]	等级		
			优	一	二
条干不匀变异系数 CV(%) ≤	低支	50～70(200.0～142.9)	8.5	10.0	11.5
		70～90(142.9～111.1)	9.0	10.5	12.0
	中支	90～110(111.1～90.9)	10.0	11.5	13.0
		110～130(90.9～76.9)	10.5	12.0	13.5
		130～150(76.9～66.7)	11.0	12.5	14.0
	高支	150～170(66.7～58.8)	12.0	13.5	15.0
		170～190(58.8～52.6)	12.5	14.0	15.5
		190～210(52.6～46.7)	13.0	14.5	16.0
		210～230(47.6～43.5)	13.5	15.0	16.5
		230～270(43.5～37.0)	14.0	15.5	17.0

五、评等规定

桑蚕绢丝的品质检测以批为单位，依据五项主要检验项目结果分为优等品、一等品、二等品，低于二等品者为等外品。当主要检验项目指标中的品等不同时，以其中最低一项品等评定。若其中有一项低于二等品指标时，评为等外品。

当补助检验项目指标中有一项或两项超过允许范围时，在原评品等的基础上顺降一等；如有三项及以上超过允许范围时，则在原评品等墓础上顺降二等，但降至二等为止。

“绢纺纱品质评定及检测”为拓展训练任务，由各组长负责，人人参与，制订工作计划(绢纺纱品质评定及检测的相关标准、检测方法和操作规程、操作录像等)，完成任务，提交报告。

拓展任务五 化纤长丝品质评定及检测

化纤长丝的种类和品种很多。不同品种及不同用途的化纤长丝，品质评定的内容各不相同。这里主要介绍黏胶长丝、涤纶低弹丝的品质评定。

一、黏胶长丝

1. 质量评定依据

国家标准 GB/T 13758—2008《黏胶长丝》规定，按生产时消光剂或色浆添加量的不同，黏胶长丝产品分为有光丝、消光丝和着色丝。产品规格以线密度(dtex)和单丝根数(f)表示。例如线密度为 133.3 dtex，单丝根数为 30f 的长丝，规格表示为 133.3 dtex/30f。黏胶长丝按物理机械性能、染化性能和外观疵点进行综合评等，分为优等品、一等品和合格品。

2. 试验条件

黏胶长丝的试验室样品，从一批产品中随机抽取，调湿和试验用标准大气按 GB/T 6529—2008《纺织品 调湿和试验用标准大气》规定，预调湿温度小于 50 ℃，相对湿度 10%～25%；调湿和试验用标准大气的温度为 20 ℃±2 ℃，相对湿度为 65%±3%。

3. 试验方法

黏胶长丝的干、湿强度和伸长率试验，剥去每个实验室样品的表层丝，按 GB/T 14344—2008《化学纤维　长丝拉伸性能试验方法》进行；线密度和单丝根数试验，剥去每个实验室样品的表层丝，按 GB/T 14343—2008《化学纤维　长丝线密度试验方法》进行；捻度试验按 GB/T 14345—2008《化学纤维　长丝捻度试验方法》进行；单丝根数试验，是从每个试验室样品中取两个试样，放在黑绒板或黑色玻璃板上计数根数，然后计算根数偏差；回潮率试验按 GB/T 6503—2008《化学纤维　回潮率试验方法》进行；含油率试验按 GB/T 6504—2008《化学纤维　含油率试验方法》进行；残硫量试验按 FZ/T 50014—2008《纤维素化学纤维　残硫量测定方法　直接碘量法》进行；染色均匀度试验按 FZ/T 50015—2009《黏胶长丝染色均匀度试验》进行。

4. 技术要求

见表 3-33。

表 3-33　黏胶长丝的技术要求

项目			单位	等别		
				优等品	一等品	合格品
物理机械性能和染色性能		干断裂强度≥	cN/dtex	1.85	1.75	1.65
		湿断裂强度≥	cN/dtex	0.85	0.80	0.75
		干断裂伸长	%	17.0～24.0	16.0～25.0	15.5～26.0
		干断裂伸长变异系数≤	%	6.00	8.00	10.00
		线密度偏差≤	%	±2.0	±2.5	±3.0
		线密度变异系数≤	%	2.00	3.00	3.50
		捻度变异系数≤	%	13.00	16.00	19.00
		单丝根数偏差≤	%	1.0	2.0	3.0
		残硫量≤	mg/100 g	10.0	12.0	14.0
		染色均匀度≥	(灰卡)级	4	3-4	3
外观疵点	筒装丝	色泽	(对照标样)	轻微不匀	轻微不匀	稍不匀
		毛丝≤	个/万米	0.5	1	3
		结头≤	个/万米	1	1.5	2.5
		污染	—	无	无	稍明显
		成形	—	好	较好	稍差
		跳丝≤	个/筒	0	0	2
	绞装丝	色泽	(对照标样)	均匀	均匀	较不匀
		毛丝≤	个/万米	10	15	30
		结头≤	个/万米	2	3	5
		污染	—	无	无	较明显
		卷曲	(对照标样)	无	轻微	较重
		松紧圈	—	无	无	轻微

（续 表）

项目			单位	等别		
				优等品	一等品	合格品
外观疵点	饼装丝	色泽	（对照标样）	均匀	均匀	稍不匀
		毛丝≤	个/侧表面	6	10	20
		成形	—	好	好	较差
		手感	—	好	较好	较差
		污染	—	无	无	较明显
		卷曲	（对照标样）	无	无	稍有

5. 评等规定

① 黏胶长丝(筒装丝、绞装丝和饼装丝)分为优等品、一等品、合格品。低于合格品的为等外品。

② 一批产品的物理机械性能和染化性能的分等，按表3-33中的规定逐项评定，以最低的等级定等，并作为该批产品的最高等级。

③ 一批产品中每个丝筒(或丝绞、丝饼)的外观质量，根据表3-33中的规定逐项评定，以最低的等级定等并作为该批产品中每个丝筒的等级。

④ 一批产品中每个丝筒(或丝绞、丝饼)出厂的分等，按物理机械性能、染化性能和外观疵点的评定结果中最低一项进行定等。

二、涤纶低弹丝

1. 质量评定依据

国家标准GB/T 14460—2008《涤纶低弹丝》规定，涤纶低弹丝的评定依据包括物理指标和外观项目两个部分。物理指标按单丝线密度分为四组，分别为优等品、一等品、合格品三个等级，低于合格品为等外品；物理指标具体见表3-34。外观指标由利益双方根据后道工序的产品要求协商确定，并纳入商业合同。

2. 试验条件

物理指标各项试验的实验室样品按GB/T 6502—2008《化学纤维　长丝取样方法》的规定取样，其中染色均匀度和筒重试验应逐筒取样。外观品质检验应逐筒取样。调湿和试验用标准大气按GB/T 6529—2008《纺织品　调湿和试验用标准大气》规定，预调湿温度小于50 ℃，相对湿度为10%～25%；调湿和试验用标准大气的温度为20 ℃±2 ℃，相对湿度为65%±3%。

3. 试验方法

断裂强力和断裂伸长率试验按GB/T 14344—2008《化学纤维　长丝拉伸性能试验方法》的规定进行；线密度试验按GB/T 14343—2008《化学纤维　长丝线密度试验方法》的规定进行；卷曲收缩率、卷曲稳定度试验按GB/T 6506—2001《合成纤维变形丝卷缩性能试验方法》的规定进行；沸水收缩率试验按GB/T 6505—2008《长丝热收缩率试验方法》的规定进行；含油率试验按GB/T 6504—2008《化学纤维　含油率试验方法》的规定进行；染色均匀度试验按GB/T 6508—2001《涤纶长丝染色均匀度试验方法》的规定进行；网络度试验按FZ/T 50001—2005《合成纤维长丝网络度试验方法》的规定进行。

4. 技术要求

见表3-34。

表 3-34　涤纶低弹丝物理机械性能和染化性能指标

序号	项目	单位	0.3 dtex≤dpf<0.5 dtex			0.5 dtex≤dpf<1.0 dtex			1.0 dtex≤dpf<1.7 dtex			1.7 dtex≤dpf<5.6 dtex		
			优等品(AA)	一等品(A)	合格品(B)	优等品(AA)	一等品(A)	合格品(B)	优等品(AA)	一等品(A)	合格品(B)	优等品(AA)	一等品(A)	合格品(B)
1	线密度偏差率	%	±2.5	±3.0	±3.5	±2.5	±3.0	±3.5	±2.5	±3.0	±3.5	±2.5	±3.0	±3.5
2	线密度变异系数≤	%	1.80	2.40	2.80	1.40	1.80	2.40	1.00	1.60	2.00	0.90	1.50	1.90
3	断裂强度≥	cN/tex	3.2	3.0	2.8	3.3	3.0	2.8	3.3	2.9	2.8	3.3	3.0	2.6
4	断裂强度变异系数≤	%	8.00	10.0	13.0	7.00	9.00	12.0	6.00	10.00	14.0	6.00	9.00	13.00
5	断裂伸长率	%	M_1±3.0	M_1±5.0	M_1±8.0	M_1±3.0	M_1±5.0	M_1±8.0	M_1±3.0	M_1±5.0	M_1±7.0	M_1±3.0	M_1±5.0	M_1±7.0
6	断裂伸长率变异系数≤	%	10.0	13.0	16.0	10.00	12.0	16.0	10.00	14.0	18.0	9.00	13.0	17.0
7	卷曲收缩率	%	M_2±5.0	M_2±7.0	M_2±8.0	M_2±4.0	M_2±5.0	M_2±7.0	M_2±3.0	M_2±4.0	M_2±5.0	M_2±3.0	M_2±4.0	M_2±5.0
8	卷曲收缩率变异系数≤	%	9.00	15.0	20.0	9.00	15.0	20.0	7.00	14.0	16.0	7.00	15.0	17.0
9	卷曲稳定度≥	%	70.0	60.0	50.0	70.0	60.0	50.0	78.0	70.0	65.0	78.0	70.0	65.0
10	沸水收缩率	%	M_3±0.6	M_3±0.8	M_3±1.2	M_3±0.6	M_3±0.8	M_3±1.2	M_3±0.5	M_3±0.8	M_3±0.9	M_3±0.5	M_3±0.8	M_3±0.9
11	染色均匀度(灰卡)≥	级	4	4	3	4	4	3	4	4	3	4	4	3
12	含油率	%	M_4±1.0	M_4±1.2	M_4±1.4	M_4±1.0	M_4±1.2	M_4±1.4	M_4±0.8	M_4±1.0	M_4±1.2	M_4±0.8	M_4±1.0	M_4±1.2
13	网络度	个/m	M_5±20	M_5±25	M_5±30	M_5±20	M_5±25	M_5±30	M_5±10	M_5±15	M_5±20	M_5±10	M_5±15	M_5±20
14	筒重≥	kg	定重或定长	0.8	—	定重或定长	1.0	—	定重或定长	1.0	—	定重或定长	1.2	—

注：① M_1为断裂伸长率中心值，具体由供需双方确定，一旦确定后不得任意变更。
② M_2为卷曲收缩率中心值，具体由供需双方确定，一旦确定后不得任意变更。
③ M_3为沸水收缩率中心值，具体由供需双方确定，一旦确定后不得任意变更。
④ M_4为含油率中心值，单丝线密度(dpf)≤1.0 dtex时，M_4为2%～4%，单丝线密度(dpf)>1.0 dtex时，M_4为2%～3.5%，具体由供需双方确定，一旦确定后不得任意变更。
⑤ M_5为网络度中心值，具体由供需双方确定，一旦确定后不得任意变更。

5. 评等规定

① 涤纶低弹丝的品等分为优等品、一等品、合格品三个等级，低于合格品为等外品。

② 产品的综合等级，以检验批中物理指标和外观指标中最低一项的等级定等。

③ 试验结果的数据处理，按GB/T 8170—2008《数值修约规则与极限数值的表示和判定》的规定进行。

④ 技术指标中1～12项及14项为涤纶低弹丝的物理指标考核项目；1～15项为涤纶低弹网络丝的物理指标考核项目。

“化纤长丝品质评定及检测”为拓展训练任务，由各组长负责，人人参与，制订工作计划（化纤长丝品质评定及检测的相关标准、检测方法和操作规程、操作录像等），完成任务，提交报告。

【思考题】

1. 测得65/35涤/棉纱30绞（每绞长100 m）的总干重为53.4 g，求它的线密度、英制支数、公制支数和直径。（棉纱线的 $W_k = 8.5\%$；涤纶纱线的 $W_k = 0.4\%$ 混纺纱的 $\delta = 0.88\ g/cm^3$）

2. 测得某批55/45涤/毛精梳双股线20绞（每绞长50 m）的总干重为35.75 g，求它的公制支数和线密度。

3. 采用电容式条干均匀度仪测试纱条不匀，波谱图对纱线质量控制有何作用？

4. 在Y331型纱线捻度机上测得某批18 tex棉纱的平均读数为550（试样长度为500 mm），求它的特克斯制平均捻度和捻系数。

5. 在Y331型纱线捻度机上测得某批57/2公支精梳毛线的平均读数为360（试样长度为500 mm），求它的公制支数制平均捻度和捻系数。

6. 棉本色纱品等评定的依据是什么？

7. 涤棉混纺色纺纱的品等评定指标有哪些？

8. 解释下列名词的含义：

公称线密度　名义线密度　设计线密度　质量偏差

参考文献

[1] 田恬,翁毅,甘志红.纺织品检验[M]. 北京:中国纺织出版社,2006.
[2] 翁毅,杨乐芳,将艳凤. 纺织品检测实务[M].北京:中国纺织出版社,2012.
[3] 李汝勤,宋钧才. 纤维和纺织品测试技术[M].(3版).上海:东华大学出版社,2009.
[4] 慎仁安. 新型纺织测试仪器使用手册[M].北京:中国纺织出版社,2005.
[6] 刘爱基. 质量保证标准的理解与实施[M].北京:中国标准出版社,1995.

参考学习网站:http://www.bzjsw.com/bbs/